你能行：
赢在行动力

谭　波◎著

吉林出版集团股份有限公司

图书在版编目（CIP）数据

你能行：赢在行动力 / 谭波著. — 长春：吉林出版集团股份有限公司, 2018.7

ISBN 978-7-5581-5204-7

Ⅰ. ①你… Ⅱ. ①谭… Ⅲ. ①成功心理 – 通俗读物 Ⅳ. ①B848.4-49

中国版本图书馆CIP数据核字（2018）第134111号

你能行： 赢在行动力

著　　者	谭　波	
责任编辑	王　平　史俊南	
开　　本	710mm×1000mm　　1/16	
字　　数	260千字	
印　　张	18	
版　　次	2018年11月第1版	
印　　次	2018年11月第1次印刷	
出　　版	吉林出版集团股份有限公司	
电　　话	总编办：010-63109269	
	发行部：010-67208886	
印　　刷	三河市天润建兴印务有限公司	

ISBN 978-7-5581-5204-7　　　　　　　　　　　　　定价：45.00元

前言

　　哈佛大学是美国最早的私立大学之一，以培养研究生和从事科学研究为主，总部位于波士顿的剑桥城，总部地址是Byerly Hall, Garden Street, Cambridge。她与世界上第一条地下铁，第一条电话线生活在同一个城市！她被誉为美国政府的思想库。先后诞生了8位美国总统，40位诺贝尔奖得主和30位普利策奖得主。她的一举一动影响着美国社会和经济发展的走向，哈佛商学院案例教学盛名远播，培养了微软、IBM等一个个商业奇迹的缔造者。她的燕京学社致力于中美文化的交流，沟通中美两国关系的基辛格博士，奠定了中国近代人文和自然学科基础的林语堂、竺可桢、梁实秋、梁思成等，都和这所世界最著名的高等学府有关联。

　　数百年来，一张哈佛的文凭，几乎就是地位与金钱的保证。哈佛大学何以能培养出如此众多、如此优秀的政界领袖、商业巨子呢？

　　实际上，哈佛能够培养出如此多的顶尖级人才，除了它顶尖的教学质量外，更重要的是哈佛精神对每一个身在哈佛的学子的熏陶与影响。"非凡与平庸的主要差别不在于是否拥有健康的体魄，而在于人的思想与精神，在于人的心智。"一个人，只有心灵强大才算真正的强大。哈佛的神奇之处就是将这一理念深深地根植在每一位学子的心中。哈佛学子们都深深懂得：人生旅途上，支撑我们的是源自心中的那份坚定的信念，信念可以让人无往不胜；"心想事成"不仅是一句美好的祝愿，其中蕴含着深刻的哲理，自己想要成为什么样的人，那你就能成为一个什么样的人；每个人都要比自己想象的优秀得多，每个人都有一个潜能宝库，你能有多优秀，就看你能从潜能宝库里挖掘出多少宝藏……

这些有关心灵提升的智慧潜藏在哈佛的各个角落和师生生活的每一个细节之中。在其灵秀之气中长期耳濡目染，哈佛学子们便在不知不觉中脱胎换骨，进入了一种高素质、高水平、高格调的境界。

这是一本写给在职场中打拼的年轻人的书。它不是死板的说教，更不是毫无个性的常规职场手册，它结合哈佛成功人士的成功名言和故事，真实、鲜活、情感真挚地讲述了他们成功的经验，就像这本书的定位一样，是一本哈佛精英的职场心里话的文集。这些话，更贴近读者的心态，也更容易让他们感同身受，因此，这是一本你拿起来就再也放不下的职场励志好书。

如果你希望摆脱平凡的生活，如果你想追求卓越的品质，如果你想探索成功的奥秘，如果你想充分地发展自我，但是苦于找不到突破点，那么，请你打开这本书，它将会成为你求知路上的良师，生活中的益友，人生路上的行动指南。

CONTENTS 目录

第六章　坚持原则，拂去心灵上的尘土

第七章　与人相处，美在和谐处

第八章　克服人性的弱点，做人生的赢家

第一章

认识自我
超越自我

[学会
认识自己]

"学会认识自己"，是哈佛的教育理念之一。哈佛教育理念启示我们，正确认识自己是一种很重要的能力。

学会正确认识自己吧！正确对待自己的优缺点，让每一步具体的努力，都化作启动人生航船的动力。聪明的人只要能认识自己，便什么也不会失去，但恰恰有些人不会认识自己。

一次，在哈佛某教授的课堂上，在说到人必须有自知之明时，他讲述了这么一个有趣的故事。

有一位老师，常常教导他的学生说：人贵有自知之明，做人就要做一个自知的人。唯有自知，方能知人。有个学生在课堂上提问道："请问老师，您是否认识您自己呢？"

"是呀，我是否认识我自己呢，"老师想，"嗯，我回去后一定要好好观察、思考、了解一下我自己的个性，我自己的心灵。"

回到家里，老师拿来一面镜子，仔细观察自己的容貌、表情，然后再来分析自己的个性。

首先，他看到了自己亮闪闪的秃顶。"嗯，不错，莎士比亚就有个亮闪闪的秃顶。"他想。

他看到了自己的鹰钩鼻。"嗯，英国大侦探福尔摩斯——世界级的侦探大师就有一个漂亮的鹰钩鼻。"他想。

他看到自己的大长脸。"嗨！伟大的林肯总统就有一张大长脸。"他想。

他发现自己个子矮小。"哈哈！拿破仑个子矮小，我也同样矮小。"他想。

他发现自己具有一双外八字脚。"呀，卓别林就有一双外八字脚！"他想。于是，他终于有了"自知"之明。

"古今中外名人、伟人、聪明人的特点集于我一身，我是一个不同于一般人的人，我将前途无量。"第二天，他对他的学生说。

哈佛教授如此"自知"，还不如"无知"为妙。

尼采曾经说过："聪明的人只要能认识自己，便什么也不会失去。"正确认识自己，才能使自己充满自信，才能使人生的航船不迷失方向。正确认识自己，才能正确确定人生的奋斗目标。只有有了正确的人生目标，并充满自信，为之奋斗终生，才能此生无憾，即使不成功，也会无怨无悔。

不能很好认识自己的人，千万不要忘记上帝为我们准备了另外一面镜子，这面镜子就是"反躬自省"四个字，它可以映射出落在心灵上的尘埃，提醒我们"时时勤拂拭"，使我们认识真实的自己。

其实，"认识自己"对于心灵的健康和完善是十分有益的。

人们不仅能意识到周围世界客观事物的存在，而且也能意识到自己的心理和行为，把自己的意图和体验、思想和感觉告诉自己，调节自己，控制和完善自己，根据自身的需要和社会的需要，自觉地调节自己的行动。人的这种意识和自我意识功能表明，人是能够认识自己的。

然而，认识自己并非易事，人的自我意识是有一个发展和完善的过程。青年人独立生活，自我意识大大地增强，但常常表现出某些偏见。我们平时经常听人说：

"我对自己最清楚！""难道我对自己还不了解吗？"

其实，讲这些话的人中某些人对自己并未真正地了解，对自己的才貌、学识、成绩、贡献以及自己在别人心目中的地位等，要么估计得过高，要么估计得过低。

由此看来，一个人能够认识自己，那是多么重要呀！

人生在世要面临各种选择，要选择一条适合自己的路去走，要选择自己力所能及的事情去做，要选择适合自己的生活方式去生活。

学会认识自己，其实就是摆正自己的位置，找准适合自己的位置。俗话说，一个萝卜一个坑，但大萝卜必然是大坑，小萝卜自然就是小坑，如果非把一个大萝卜插进一个小坑里，必然盛不下，如果把一个小萝卜放进一个大坑里，自然也是不合适的。

学会认识自己，就是要量力而行。一个健康的成年人，能够挑起百斤乃至几百斤的重担，一个瘦弱的病夫，只拿得动几斤至几十斤的东西，只有认识了自己的力量，才有可能完成自己的任务。不然，不仅不能做力所能及的事情，反而，会大大透支自己的体力和智慧，更加伤害自己的身体和大脑。

学会认识自己，就是不要逞能。不会的别装会，不懂的别装懂，不知道的别装知道，外行的别瞎指挥内行。

学会认识自己，就是不要吹牛，不要自吹自擂，不要夸夸其谈，不要自以为是，不要目空一切，不要不可一世。

还有句俗话说，没有金刚钻，别揽瓷器活！世上万物，各有各的特点和优势，我们应用其所长，避其所短。说白了，就是各司其职。

[认识自己，欣赏自己]

　　哈佛大学有位名叫玛瑞丽·格林德尔的女教授，她在向他人展示自己无穷魅力时，总不忘幽默地告诉她的女弟子们："嗨，你们想变成美丽的天使吗？我的孩子们，那就从现在起，喜欢你自己吧。"

　　现实中，我们没有理由总欣赏别人的长处，而忽略自己的优点；没有理由一味地比高比优，而丢掉了自我。我们要学会对自己有一个全面的、公正的认识。

　　世界上没有两个完全相同的人。作为独立的个体的你有许多与众不同的，甚至优于别人的地方……你要用自己特有的形象装点这个丰富多彩的世界。也许你在某些方面的确逊于他人，但是你同样拥有别人所无法拥有的专长，有些事情也许只有你能做，而别人却永远做不了！

　　所以，一个从不欣赏自己的人，也就是一个永远也不被别人欣赏的人。因此我们要学会欣赏自己，学会为自己鼓掌。

　　欣赏自己，是人生智慧的一部分。坚定的信念使我们常怀希望，始终相信自己能够达成自己的目标，进而让我们不再无谓地为明天而担忧，不再因失败而忧愁、悲伤，不再为不知该何去何从而焦虑，不再因失去而痛苦……

　　有一个叫爱丽莎的美丽女孩，总是觉得自己没有人喜欢，总是担心自己嫁不出去。她认为自己的理想永远实现不了，她的理想也是每一位妙龄女郎的理想：和一位潇洒的白马王子结婚、白头偕老。爱丽莎总以为别人都有这种幸福，自己却永远被幸福拒之于千里之外。

一个周末的上午，这位痛苦的姑娘去找一位有名的心理学家。她被请进了心理学家的办公室，握手的时候，她的手冰凉。心理学家打量着这个忧郁的女孩，她的眼神呆滞而绝望，声音仿佛来自墓地。她的整个身心都好像在对心理学家哭泣着："我已经没有指望了！我是世界上最不幸的女人！"

心理学家请爱丽莎坐下，跟她谈话，心里渐渐有了底。最后他对爱丽莎说："爱丽莎，我会有办法的，但你得按我说的去做。"他要爱丽莎去买一套新衣服，再去修整一下自己的头发，他要爱丽莎打扮得漂漂亮亮的，告诉她星期一他家有个晚会，他要请她来参加。

爱丽莎还是一脸闷闷不乐，对心理学家说："就是参加晚会我也不会快乐。谁需要我？我能做什么呢？"心理学家告诉她："你要做的事很简单，你的任务就是帮助我照料客人，代表我欢迎他们，向他们致以最亲切的问候。"

星期一这天，爱丽莎衣衫合适、发式得体地来到了晚会上。她按照心理学家的吩咐尽职尽责，一会儿和客人打招呼，一会儿帮客人端饮料，她在客人间穿梭不息，来回奔走，始终在帮助别人，完全忘记了自己。她眼神活泼，笑容可掬，成了晚会上的一道彩虹，晚会结束时，同时有三位男士自告奋勇要送她回家。

在随后的日子里，这三位男士热烈地追求着爱丽莎，她终于选中了其中的一位，让他给自己戴上了订婚戒指。不久，在婚礼上，有人对这位心理学家说："你创造了奇迹。""不，"心理学家说，"是她自己为自己创造了奇迹。人不能总想着自己，怜惜自己，而应该想着别人，体恤别人，爱丽莎懂得了这个道理，所以变了。所有的女人都能拥有这个奇迹，只要你想，你就能让自己变得美丽。"

哈佛大学哲学系教授尼曼·柏桑尔曾说："世界上从来就没有完美无缺的人，最重要的是我们在心里怎样看待自己。有时候缺陷也是一种美，就像'断臂的维纳斯'，不也很美丽吗？"

是呀，人的一生中会遇到各种各样的对手，遇到各种各样不顺心的事，我们要想尽所有的方法将它打败。

每个人成功的机会都是平等的，但是有很多人到了关键时刻，失败的恐惧就会油然而生。其实，每个人一生中最大的敌人就是自己，我们应该勇于挑战自己，战胜心中的自卑感——只有战胜了对失败的恐惧，我们才能取得最后的胜利。

倘若一个人自己都无法欣赏自己，看不起自己，那么，这个人还怎么可能得到别人的欣赏呢？这样的人何来自强、自信、自爱、自省呢？也许你曾埋怨自己没有出身名门，也许你曾为命运的曲折而苦恼，也许你曾为经历的坎坷而叹惋，可是，你有没有真正的正视过自己呢？

一个成功人士说："别在乎别人对你的评价，否则，这会成为你的包袱，我从不害怕自己得不到别人的喝彩，因为我会记得随时为自己鼓掌。"生活给予一个人的，当然不会永远是赞扬，更多的可能是责难、讥讽和嘲笑。这时，你一定要学会从自我激励中激发自信心，学会自己给自己鼓掌。美国的一位心理学家说过："不会赞美自己的成功，人就激发不起向上的愿望。"

学会给自己鼓掌，通过赞美自己的一次次微小的成功，来不断增强你奋力向前的信心，从而获得成功。能为自己喝彩的人敢于接受任何挑战，正是这种喝彩给他们带来源源不断的动力，无悔地追求自己的理想，最终实现自己的目标。

一位心理学家说，我只看我拥有的，不看我没有的。我的优势首先在我的心理。生活中的每个人都要努力展现自己杰出的一面，这是心理的需求，更是生存的需要。每天早晨，对着镜子照一照，不仅仅是为了看看自己美丽的容颜，更是为了学习欣赏自己。常常对着镜子说，你不一定是最优秀的，但你是最努力的。然后，对着镜子自信地笑一笑，满怀希望地去工作、去面对自己的事业。

认清自己，才能掌握自己的命运

古语云："知人者智，自知者明。"一个人最大的敌人是自己。所以，一个人如果没有认清自己的真面目，不能发现自己的优势所在，就很难把命运掌握在自己手中，他也就不可能取得成功。

现实生活中，无论是天真烂漫的少年还是斗志昂扬的青年，无论是活泼可爱的男孩还是温柔美丽的女孩，都喜欢自我欣赏。人们还经常会拿出镜子观察自己的容貌，思考自己到底是一个怎样的人。其实，镜子不但可以让我们清楚地看到自己的外表，而且还可以让我们知道自身的缺陷。哈佛大学的一位心理学教授曾经讲过一个关于镜子的故事。

爱因斯坦小时候和很多孩子一样，是十分调皮贪玩的，经常和一些坏孩子混在一起。他的父亲常常为此忧心忡忡，想找一个办法让爱因斯坦变得好学起来。直到爱因斯坦16岁的那年秋天，一天上午，父亲将正要去河边钓鱼的爱因斯坦拦住，给他讲了一个故事。正是这个故事，改变了爱因斯坦的一生。

爱因斯坦的父亲说："昨天我和咱们的邻居约翰大叔去清扫南边工厂的一个大烟囱。那烟囱只有踩着里边的钢筋踏梯才能上去。约翰大叔在前面，我在后面。我们抓着扶手，一阶一阶地爬了上去。下来时，约翰大叔依旧走在前面，我还是跟在他的后面。后来，钻出烟囱，我们发现了一件奇怪的事情。约翰大叔的后背、脸上全都被烟囱里的烟灰涂黑了，而我身上竟连一点烟灰也没有。"

爱因斯坦的父亲继续微笑着说："我看见约翰大叔的模样，心想我肯定和他一样，脸脏得像个小丑。于是我就到附近的小河里去洗了又洗。而约翰大叔呢，他看见我钻出烟囱时干干净净的，就以为他也和我一样干净，于是就只是草草洗了洗手就大模大样地上街了。结果，街上的人都笑痛了肚子，还以为约翰大叔是个疯子呢。"

爱因斯坦听罢，忍不住和父亲一起大笑起来，父亲笑完了，郑重地对他说："其实，别人谁也不能做你的镜子，只有自己才是自己的镜子。拿别人做镜子，白痴或许会把自己照成天才的。"

爱因斯坦听了，顿时满脸羞愧。

爱因斯坦从此离开了那群顽皮的孩子，他时时用自己做镜子来审视和映照自己，终于映照出了他生命的熠熠光辉。

别人并不能映照出你自己，只有自己才是最明亮的镜子。在这个世界上，每个人都有自己的角色和任务。一个人要牢记自己的使命，不断进取，努力去做最好的自己。

一个人如果不能正确认识自己，就会失去自信，进而沉沦、一蹶不振，甚至放弃自己的命运。但是，一旦真正认识了自己，发现了自己的价值，就可能改变命运，重新走上成功之路。

因此，要追求成功，就必须首先正确认识自己。只有认识了自己，你才会知道，自己有哪些能力和优势，自己更适合做什么。然后以此为依据，去努力、奋斗。

事实证明，只要努力去做，每个人都能成功。但是，现代成功学认为，只要在最关键的地方发挥了自己的优势，那么你就更容易事半功倍地获得成功。

认识自己，
解开内心的限制

认识了自己，你就能够在自己的人生中展现出应有的风采。认识了自我，你就成功了一半。

哈佛大学的一位心理学教授曾经遇见过一个十分特别的女孩。每次提起这一段往事，这位老教授都会语重心长地对他的学生们说："有一种美丽需要发现和经营，只有蜕变之后的美丽才是最迷人的。因此，你们要记住——千万不要妄自菲薄！"

一天下午，教授在回家的路上见到一个衣衫不整、头发凌乱，但五官却十分出色的女孩，她的美丽被邋遢的外表所掩盖。女孩静静地坐在草地上，她的眼睛一直注视着天空，由内到外散发着忧郁的气质。出于好奇和导师的职责，教授走到了女孩的身边，并主动与女孩交谈。聊天时，女孩的话并不多，但是教授可以感觉到她的内心非常渴望被别人肯定。教授沉默了一会，然后笑着对女孩说："孩子，你是一个非常善良、非常漂亮的姑娘，但是我发现你似乎从来不知道这一点。"

听完教授的话，女孩眼睛里刹那间充满了晶莹的泪水，她不敢相信自己所听到的。于是，她缓缓抬起头，呆呆地注视着眼前这位年老而善良的老教授。许久以后，她的嘴角动了动，脸上挂着一丝迷人的笑容，就像贪嘴的孩子来到了糖果屋。她惊喜地问道："教授，您刚才是在夸我漂亮，对吗？"

"对，你是一个既漂亮又善良的好孩子，但是你却从来没有发现自己的美丽。"教授慈祥地说道。

"谢谢你，教授！"女孩被感动得哭了，但是她的脸上却始终挂着从未有过的美丽笑容。自从女孩出生以来，她就没有听过别人的赞美。在平时的生活和学习中，她的周围总是充斥着同学们的嘲笑和讽刺，还有她的妈妈。她一直以为这是因为自己长得丑陋才得不到别人的喜爱，她甚至想过自杀，但是最后都放弃了。久而久之，她不再注意自己的外表，不再关注外面发生的事情，她认为只要将自己隐藏起来就不会再受别人的嘲笑和讽刺。

看着面前哭泣的女孩，教授既心疼又欣慰。他心疼女孩曾经遭受的痛苦，同时又欣慰自己能够与她相遇，否则这个女孩的一生将会被毁掉。

教授拍了拍女孩的肩膀，然后说："孩子，今天晚上剧院将会上演《天鹅湖》，我和我的妻子正打算去观看，我想邀请你跟我们一起去，你愿意吗？"

"这……我可以去吗？"女孩犹豫着。

"当然可以，还有两个小时才正式开演，你如果接受邀请，就赶快回家换衣服，然后赶到剧院门口，我们会等你。"

当剧院关门的钟声即将敲响时，门口传来了一阵匆忙的脚步声，女孩来了。她穿着华丽的红色长裙，金色的头发整齐而优雅地散落在脑后，脚上的高跟鞋衬托得女孩更加高挑。女孩优雅而礼貌地与教授交谈，而且她的眼中还流露出了从没出现过的自信，看着女孩挺直的背影，教授顿时放心了。因为眼前的女孩正在蜕变，她的美丽正尽情地绽放着。他相信，不久以后，女孩将会完全驱除心底的阴影，变得更加自信。

果然，女孩从那以后不再像以前那样自卑，她的改变不但让女孩的母亲和同学们感到意外，而且还赢得了他们的尊重。毕业以后，女孩成为了一名出色的舞蹈艺术家，并在国际舞台上受到无数人的追捧。

生活中，有些人之所以不去做或做不成某些事，不是因为他们没有这个能力，也不是客观条件限制，而是由于他们的心态。他们内心的自我想象限制了他，是他们自己打败了自己。

有位成功学家指出：许多人失败的原因，不是因为天时不利，也不是因为能力不济，而是因为自我心虚，自己成为自己成功的最大障碍。

现实生活中，确实有许多人都不能客观认识自己，他们总觉得自己这也不是，那也不行，一味地顺从他人，事情不成功总觉得是因为自己笨，自我责备，自我嫌弃；有的人缺乏自信心，怀疑自己的能力；有的人缺乏胜任感，不相信自己的能力，工作中缺乏承担重任的气魄，甘心当配角，常常被别人的意见所支配，无论职业角色还是家庭角色都显得难以胜任……

上述这些人中的大多数人，他们之所以处于这种状态，完全是他们对自己的能力认识不足，缺乏对自身的深入了解而造成的。他们真正的敌人不是他人，而正是他们自己。

无数事实证明，要取得事业的成功，重要的一点就是要正确认识自我，要有积极的心态，要敢于对自己说："我能行。"

$$\Big[\ \begin{matrix} \text{扮演好} \\ \text{自己的角色} \end{matrix}\ \Big]$$

哈佛大学心理学教授塞得兹说："一个忘掉自己身份的人是可耻的。"所以，我们不要忘记自己的身份，要学会扮演好自己的角色。人的一生需要经历和充当许多不同的角色：为人学生，为人同学，为人兄妹，为人配偶，为人父母，为人同事，为人伙伴，为人下属，为人上司，为人祖辈等。一个角色就意味着一份责任，每一个角色都有不同的责任，人生就是角色，角色就是责任。做好每一个角色的标准其实就是完成该角色所必须承担的责任：对学生负责，对同学负责，对兄妹负责，对配偶负责，对孩子负责，对同事负责，对伙伴负责，对上司负责，对下属负责，对子孙负责等。唯有扮演好自己的角色，人们才会肯定你，让你把自己演绎得更加精彩。

为了募捐，琳琳所在的学校准备排练一部话剧。得知消息后，琳琳第一个去报名，要求当演员。她的目标是剧中的主角。但是到定角色那天，琳琳却一脸失望地回到了家，因为她被告知，她的角色只是主角的一只宠物——猫！整个晚饭时间，琳琳不是埋怨牛排太咸，就是埋怨土豆太淡，搞得一家人都没了胃口。饭后，爸爸把琳琳叫到书房，两个人谈了很久。虽然他们拒绝透露谈话的内容，但是第二天大家又看到了那个快乐的琳琳。她不仅没有拒绝演猫，还买来了护膝，以便更好地排练。

终于到了演出的那一天，从头到尾，琳琳穿着一套毛茸茸的道具，手脚并用地在台上爬来爬去，还不时伸个懒腰，晃晃脑袋，动作惟妙惟肖，精湛的表演吸引了所有观众的眼球，虽然她从头到尾没有说一句台词。

后来，琳琳向人们透露了她和爸爸那天的谈话。爸爸说："如果你用演主角的态度去演一只猫，猫也会成为主角的。"说到这里，爸爸加重语气说，"命运赐予我们不同的角色，与其怨天尤人，自暴自弃，不如全力以赴，演好自己的角色。因为再小的角色也有可能变成主角，哪怕你连一句台词也没有。"

在生活的舞台上，诚然只有极个别能够预知未来的好导演，大多数人都无法将自己平凡的生活演绎得很精彩。但是如果我们有了把猫当成主角演的态度，那么即使是最本色的演出，又有谁能说你不成功、不幸福呢？更何况，王侯将相不是天生的，主角也不是注定由某一人来垄断的啊。

从前，有一个国王住在一座金碧辉煌的宫殿里，各种物品应有尽有，珍贵的物品不计其数，仆人随时在听候他的差遣。这样的生活，看起来确实令许多人羡慕不已。

有一天，国王的一个朋友羡慕地对他说："你看你多幸福呀，拥有每个人都想要拥有的一切，你应该是这个世上最快乐的人了。"然而国王却说："你真以为我比其他人都快乐吗？""那当然啦！"朋友回答，"看看你拥有的珍宝和财富，你掌握的强大权势，在这个世界上，还有谁比你更快乐呢？"国王想了想，说："既然如此，我们不妨交换一天的位置来看看，如何？"朋友马上就答应了。

第二天早上，国王的朋友被带进王宫，所有的仆人接到命令说要像对待他们的主人一样来对待他。他们为他穿上王袍，戴上王冠，让他坐在宴会厅的餐桌前，满桌的山珍海味，还有珍贵的名酒、美妙的音乐、鲜艳夺目的女人……他半躺在软软的椅垫上，马上陶醉了。

忽然，就在他端起一杯茶送到嘴边要喝时，他看到天花板上有个东西悬挂在他头顶上，那东西的尖端几乎要碰到他的头了。那是什么？天哪，那竟然是一把锋利的剑！

转眼之间，他的笑容从唇边消失，脸变得惨白，手也开始发抖。他已经不想再享受什么美味和音乐了，只想赶快离开这里。因为那把剑只用一根细细的马毛吊在上面。锋利的剑刃闪闪发光，直指他的眼睛，他刚想跳起来要跑，但又停了下来，因为他唯恐自己的动静弄断那根细线，使那把利剑落下来。

看着他的神色，国王不解地问："怎么回事，你好像没有什么胃口？"朋友小声地说："那把剑，太可怕了。"国王说："那把剑我每天都看到它，我把它悬在我的头顶，就是要时刻提醒自己权力和风险是共存的，地位和责任是对等的。我坐上这个王位，我就必须承受王位带来的风险，必须承担我的子民赋予我的责任，我的风险是随时有人想推翻我，随时有邻国可能攻打我，我的责任是全国子民的安宁、团结和富足，如果我的子民流离失所，我这个国王也就不可能当下去了！"

每一个人都要想清楚自己应该做什么，有什么样的责任，应该懂得准确定位自己的位置和角色。只有扮演好自己的角色，才能让你的人生更加精彩。

有道是"舞台小社会，社会大舞台"，小到一个家庭，大到一个企业。直至整个社会，要想保持和谐稳定，都需要每一个参与者密切配合，即要求每个人扮演好自己的角色。

自省是人生进步的一面镜子

哈佛寓言中有这样一个故事，狐狸在跨越篱笆时脚滑了一下，幸而抓住一株蔷薇才不致摔倒，可是脚却被蔷薇的刺扎伤了，流了很多血，受伤的狐狸埋怨蔷薇说："你太不应该了，我是向你求救，你怎么反而伤害我呢？"蔷薇回答说："狐狸啊！你错了，我的本性就带刺，你自己不小心，才被我刺到的啊！"

由上面的故事可知，一个人在遭遇挫折时不反躬自省，反而责怪或迁怒别人，是无济于事的。

古希腊哲学家苏格拉底说："未经自省的生命不值得存在。"生命的意义在于觉悟、自省、进取，苏格拉底将生命中的大部分时间用于自我检查，他因此而成了一代伟人。

自省是对自身思想、情绪、动机和行为的检查，是自我道德修养的方法，使人进一步认识自己而不迷失自我。自省是一面镜子，将我们的错误清楚地照出来，使我们有改正的机会。

美玲人生得漂亮，而且还接受过良好的教育，但不幸的是她有过一次失败的婚姻。不过，由于她的美貌，虽然离过一次婚，但身边却不乏追求者。然而遗憾的是，美玲却总是感到自卑，对自己信心不足，认为自己配不上那些追求者，因此许多恋情都无疾而终。

为了让自己心理上有优越感，为了能加重自身的"砝码"，美玲开始到处求助整形医生，希望自己能美丽一点，再美丽一点。但整形医生告诉她：

"你已经很美了，不再需要任何整容。"美玲无法接受整形医生的忠告，她又来到另一个城市，去求助那里的整形医生……

如今，美玲仍旧美丽，但她心理上的问题并未因此改善，她还是不快乐，还是在男士面前自卑，还是对婚姻缺乏安全感。

事实上，一个人美丽与否并不能决定婚姻的质量，更不能保证婚姻的稳固。但美玲却没有进行自省，没有认真思考自己婚姻失败的原因到底是什么，反而本末倒置地去求助整形医生。其实，需要"整容"的是她的内心，而非她的外表。如果美玲没有意识到这一点，那么无论她怎么整容，怎么漂亮，她对婚姻都不会有安全感。

可见，自省对我们来说是何等的重要！不自省，就无法认识到自己的缺点与不足；就无法认识到自己的愚昧与无知。

自省是自我完善的过程，是治愈错误的良药，是一道清泉，将我们思想中浅薄、浮躁、消沉、阴险、自满、狂傲等污垢涤荡干净，重现清新、昂扬、雄浑和高雅的旋律，让生命之树焕发蓬勃生机。

现实生活中，有些人常常避开自省，对自己的过失藏着掖着、遮遮掩掩，不愿反省自己的过失。有些人反省时就轻避重、就少避多，打"隔山炮"，说些不痛不痒的话，没有把反省的工夫做足；有些人客观上反省自己，主观上却把责任推给制度、推给上级；更有些人把反省当走过场，以集体说事，讲些冠冕堂皇的话草草了事。究其原因，是因为没有勇气去正视自己的过失和错误。有的人总感觉自己是正确的，认为丝毫没有反省的必要。更有甚者，怕给自己所谓的"自尊"带来伤害，即使心有所想，也不愿面对。以此态度来反省自己，于公于私、对人对事都是十分不利的。

其实，自省不仅是单纯的自我批判，也是一种智慧总结。逆境时要自省，顺境时更要自省。当自己得到满堂喝彩的时候应及时反省自己的纰漏，梳理自己的言行，从而找到前进的方向。在自省中，可以总结经验，汲取教训；在自省中，可以总结过去，规划未来；在自省中，可以汲取智慧，运筹帷幄，决胜千里。

"金无足赤，人无完人。"世界上没有十全十美的人，每个人都会有这样或那样的缺点和不足。一个懂得自律的人应该经常检查自己，对自己的言行进行反思，纠正错误，改正缺点，这是严于律己的表现，是不断取得进步的重要方法和途径。正如海涅所言，反省是一面镜子，他能将我们的错误清楚地照出来，使我们有改正的机会。因此，无论你是名人还是平凡的老百姓，我们都应该学会反省，并且经常自我反省，这样才能理清生命的脉络，让人生之路变得更加清晰明了。

客观认识自己， 蜡做的翅膀是无法翱翔的

哈佛大学研究中国历史学的杜维明教授十分重视传统文化的继承，也时常会教导他的学生做一个谦虚的人。因为每个人都有属于他自己的高度，如果你不把自己放低，客观地认识自己，你就不可能看到自己和他人的真实高度。

古希腊人把"能认识自己"看作人类的最高智能。如今，随着社会的不断发展，人们对于自我认识的程度，对自身发展而言，尤显重要。

有一个自以为是全才的年轻人，毕业以后屡次碰壁，一直找不到理想的工作，他觉得自己怀才不遇，没有伯乐来赏识他这匹"千里马"。于是他对社会感到非常失望，伤心而绝望之下来到大海边，打算就此结束自己的生命。

一位好心的渔夫正好路经此地，从大海中救起了他。渔夫问他为什么要走绝路，他告诉渔夫说自己得不到别人和社会的承认，没有人欣赏和重用自己，活着也没有什么意思。渔夫听了微微一笑，弯下腰，随手从脚下的沙滩上捡起一粒沙子，让年轻人看了看，然后就随便地扔在了地上，对年轻人说："请你把我刚才扔在地上的那粒沙子捡起来。"

"这根本不可能！"年轻人说。渔夫没有说话，从自己的口袋里又掏出一颗晶莹剔透的珍珠，也是随便地扔在了地上，然后对年轻人说："你能不能把这颗珍珠捡起来呢？"

"当然可以！"

"是啊，捡起一颗珍珠是很容易的，因为它太与众不同了。"渔夫接着

说，"但你为什么不想一下，自己现在到底是一颗珍珠还是沙粒？如果你和普通人没有什么区别，你又怎么可以苛求别人把你当成是一颗珍珠呢？"年轻人蹙眉低首，一时无语。

生活中，有的人事业成功了，就以为自己很了不起，没有什么干不了的事；事业失败了，受到挫折了，又容易灰心丧气，自暴自弃，这都是不能正确认识自己的缘故。

一个不断认识自己、批判自己而改造自己的人，智慧才有可能渐趋圆熟而迈向充满机遇之路。一个人，只有在认识了自己之后，才能自信起来，坚定起来，成为有韧性、有战斗力的强者。认识自己，就好像你多了一双睿智的眼睛，时时给自己添一点远见、一点清醒、一点对现实更为透彻的体察与认知。借助这份认知，你可以少干很多日后追悔莫及的事。认识你自己，充实你自己，这样你就不会哀叹：世界之大，怎会没有自己的立足之地？

原一平的身高只有1.45米，貌不惊人，可是在日本的寿险业里，他是一位响当当的人物。他因为连续15年保持了全国业绩第一，所以被尊称为"推销之神"。

他从小个性叛逆顽劣，曾经用小刀割伤了老师。27岁时原一平进入日本明治保险公司开始推销生涯。当时，他穷得连中餐都吃不起，并露宿公园。

他的亲朋好友都认为他是没有希望的"废人"，然而原一平在27岁时，由于一位老和尚的一席话而改变了人生。

有一天，他向一位老和尚推销保险，老和尚说："听完你的介绍后，丝毫引不起我投保的意愿。"

老和尚注视原一平良久，接着又说："人与人之间，像这样相对而坐的时候，一定要具备一种强烈吸引对方的魅力，如果你做不到这一点，将来就没什么前途可言。"

原一平哑口无言，冷汗直流。

老和尚又说："年轻人，快去改造自己吧！要改造自己首先必须认清自己，你知不知道自己是一个什么样的人呢？你在向别人推销保险之前，必须先反省自己，认识自己。"

"反省自己？认识自己？"

"是的！赤裸裸地注视自己，毫无保留地彻底反省，然后才能认识自己。"

老和尚的这一席话，就像当头棒喝，一棒就把原一平打醒了。

从此，原一平开始努力认识自己，改善自己，大彻大悟，终于成为一代推销大师。

正确认识自己，它是梦想之石，能击出理想之火；它是理想之火，能点亮创造的灯；它是创造之灯，能照亮成功的路；它是成功之路，通向四面八方而不迷途！

一个人只有正确认识自己，才能充满自信，才能使人生的航船不会迷失方向。一个人只有正确认识自己，才能确定人生的奋斗目标。而有了正确的人生目标并充满自信地为之奋斗终生，即使最终没有成功，你也会感到无怨无悔。

其实，一个人的成功在某种程度上取决于自己对自己的正确定位。在你心目中，你将自己定位成什么样的人，你就是什么样的人。反过来说，就算你给自己定位了，如果定位不切实际，或者没有一种健康的心态，也不会取得成功。一位经常跳槽最后一无所成的博士这样感叹，如果能以对待婚姻的慎重来选择去留，如果能以对待孩子的耐心来对待工作，事业也许会是另一番景象。世界上没有全能的奇才，我们充其量只能在一两个方面取得成功。在这个物竞天择的竞争时代，你只有凝聚全身的能量，朝着最适合自己的方向，专注地投入，才能成就一个卓越的自己。

如果我们不清楚自己该做些什么，那么再多的努力都是白费的。这与为了一个不可能达到的目标而花费精力没有什么区别。找到属于自己的路，清楚自己应该做什么，才是最好的定位。

正视弱点，
把它转化为另一种财富

哈佛智慧中有一条，提醒人们不要轻视自己的短处：有时短处也可以转化成自己的长处。

心理学家发现了一个有趣的现象：许多人不能成功，关键是不能正确认识自己，对自己的缺陷讳莫如深。这实际上是一个误区，人有许多资源，缺陷便是其中一种。其实，有缺陷并不等于一无是处，只要你运用得当，每个人都能够从中获益。如果它阻止你向一个方向走，或许因为那里是悬崖。

要知道，世界上的事情都不是绝对的，如果你用心去留意，就会发现原本的缺憾在一定的情况下甚至能给你带来意想不到的惊喜。比如说，耳聋的人可能在嘈杂的环境中免受干扰，保持心态的平和，而耳聪目明的人却反而因为噪声而心烦气躁，难以入睡。

每个人都有身体上、性格上，或者是生活上的缺陷。当大家都习惯性地将缺陷隐藏起来时，有人却主动地将它展现出来，但不是作为让自己蒙羞的缺点，而是给它一些空间，让它带领自己去创造新的财富。

一个敢于正视自己弱点的人，是生活的强者；而能在弱点中寻找自己新的生活机遇的人，则是生活的智者。

在美国NBA联赛中有一个夏洛特黄蜂队，黄蜂队有一位身高仅1.60米的运动员，他就是蒂尼·伯格斯——NBA最矮的球星。伯格斯这么矮，怎么能在巨人如林的篮球场上竞技，并且跻身大名鼎鼎的NBA球星之列呢？这是因为伯格斯的自信。

伯格斯自幼十分喜爱篮球，但由于身材矮小，伙伴们瞧不起他。有一天，他很伤心地问妈妈："妈妈，我还能长高吗？"妈妈鼓励他："孩子，你能长高，长得很高很高，会成为人人都知道的大球星。"从此，长高的梦像天上的云在他心里飘动着，每时每刻都闪烁着希望的火花。

伯格斯面临着更严峻的考验——1.60米的身高能打好职业联赛吗？

伯格斯横下心来，决定要凭自己1.60米的身高在高手如云的NBA赛场中闯出自己的一片天地。"别人说我矮，反倒成了我的动力，我偏要证明矮个子也能做大事情。"在威克·福莱斯特大学和华盛顿子弹队的赛场上，人们看到蒂尼·伯格斯简直就是个"地滚虎"，从下方来的球百分之九十都被他收走⋯⋯

后来，凭借精彩出众的表现，蒂尼·伯格斯加入了实力强大的夏洛特黄蜂队，在他的一份技术分析表上写着：投篮命中率50%，罚球命中率90%⋯⋯

一份杂志专门为他撰文，说他个人技术好，发挥了矮个子重心低的特长，成为一名使对手害怕的断球能手。"夏洛特的成功在于伯格斯的矮"，不知是谁喊出了这样的口号。许多人都赞同这一说法，许多广告商也推出了"矮球星"的照片，上面是伯格斯淳朴的微笑。

成为著名球星的伯格斯始终牢记着当年他妈妈鼓励他的话，虽然他没有长得很高很高，但可以告慰妈妈的是，他已经成为人人都知道的大球星了。

身高1.60米的伯格斯能够成为一名球艺出众的NBA明星，关键就在于他相信自己，并能够在此基础上充分发挥自己的"身高优势"，使自己成为夏洛特黄蜂队里的超级断球手。伯格斯的成功告诉我们这样一个道理：无论是谁，只要相信自己，就能成功。

但在现实生活中，大多数人还是不愿意正视自己的弱点。原因就在于他们不自信。为了自己可怜的自尊，他们往往对自己的优点了如指掌并大肆宣扬，而对自身的弱点却不敢承认和面对，害怕弱点被别人看透，受到他人的嘲笑和蔑视。如此一来，这些弱点便不断地发挥着破坏作用，对个人的发展造成极坏的负面影响。

与此相对，那些在职业生涯中有所收获的人，都是能够清醒认识自己的人。他们在知识与能力上或许并不一定胜人一筹，但是他们非常清楚自己的弱点和不足，从而能够及早规避相关危害，并积极发挥自己的长处，扬长避短，用优点去克服或弱化自身的弱点。

所以，每个人都应该正视并感激自己的弱点。因为一个人只有认识到自己的弱点，才会给自己新的学习机会，从而增长智慧，越加成熟。这样的人，不仅更容易接近成功，而且能够得到大多数人的认可。

走出自我，
逃出囚禁自己的塔

相信所有的人都喜欢阳光，因为阳光可以给人带来惬意和舒适。可是，人们在享受阳光的温暖时，却忘记了打开心灵的窗户，从而阻隔了阳光的进入；更有甚者，在自己的心灵深处建立了一座小小的"城堡"——心灵的囚塔。却不知这小小的"城堡"，如同一个可怕的幽灵，它使原本美好的生活变得惨淡无光，使心灵被紧紧地包裹起来，停止了与外界的一切交流，也停止了对新生事物的一切尝试。

在哈佛校园里经常可以见到这样的人，可是哈佛的教授们却总是能够用自己独特的方法去击毁那些囚禁人们心灵的囚塔，使他们有了面对世界的勇气，从而走出那个自己亲手营造的"牢笼"。

从前，在郊外的一座高塔里住着一位金发公主，和她住在一起的还有一个老巫婆，老巫婆对公主非常苛刻，不允许她往窗外看，不许她踏出塔门半步，甚至连头发都不许公主剪。久而久之，公主的头发长得已经可以从塔顶放到塔底了。巫婆一见这样，就决定不再花费力气走楼梯，而是利用公主的长发往上攀爬。公主长得非常的美丽，可是老巫婆却每天都故意挖苦公主，说她是世上最难看的女人，要是男人见了一定会被吓死。渐渐地，公主对自己的容貌也失去了信心，认为自己的确是个非常丑陋的女人。从此，公主再也没有了想看窗外风景的念头，而是每天都待在塔顶，唯恐自己的丑陋吓到路过的人们。

有一天，一位王子率领随从路过高塔，这时公主正好刚洗完长发，王子一抬头，看见了塔顶的公主，他被公主长长的秀发和惊人的美貌深深地吸引，忍不住和公主交谈了起来。两个人就这样一上一下地说着话，突然老巫婆来了，公主吓得赶紧缩回了头。王子无奈，只好暂时离开。可是，王子没有走远，而是躲在树林里看着公主。只见巫婆在塔下大声喊"公主，快把头发放下来，我要上去"，于是他看到公主慢慢放下了金发，巫婆爬了上去。王子想到自己也可以这样去见公主，于是欣喜若狂地回去了。第二天，王子又来了，这一次，公主并没有让他上去，只是和上次一样交谈着，王子了解了公主的处境后，决心一定要救出公主。而公主从王子的眼中不但看见了自己美丽的容貌和美好的未来，也看到了自己对爱情的期待。有一天，公主终于答应让王子上来了，两个人相拥而泣。正当王子准备带公主离开时，巫婆出现了，这一次王子被巫婆打下塔顶，所幸伤得并不严重。巫婆对公主说，如果公主再和王子见面，她就要杀了王子，让他们再无见面之日。可是，王子怎么会放弃呢？第二天他还是如约来到了塔下，可是公主死也不肯见他。王子无奈只好对公主说："好吧，我可以走，可是我想见你最后一面，我可以上去和你说几句话吗？"公主不忍心，只好让王子上来。这一次，王子终于战胜了巫婆，救出了公主，从此他们幸福地生活在一起。

其实，囚禁公主的不是别人，而是她自己。老巫婆是使她迷失心智的魔鬼，公主却听信巫婆的话，对自己一点信心都没有，认为自己一点也不美丽，从而产生了自卑的心理。

心理学认为，每个人对自己或多或少都带有一些不恰当的认识，自卑就是一种过多自我否定而产生的自渐形秽的情绪体验，是一种认为自己在某些方面不如他人的自我意识和自己瞧不起自己的消极心理，是由主观和客观原因而造成的。

人的自卑心理来源于心理上一种消极的自我暗示，即"我不行""不可能"等，对自己的能力、学识、品质等因素评价过低，在日常生活中表现出行为畏缩，瞻前顾后，心理承受能力脆弱，经不起较强的刺激，谨小慎微，多愁善感等。在自卑心理的作用下，遇到困难、挫折时往往会出现焦虑、泄气、失望、颓废的情感反应。一个人如果做了自卑的俘虏，不仅会影响身心健康，还会使聪明才智和创造能力得不到很好的发挥，使人觉得自己难有作为。

所以，当你怀疑自己的能力并为自卑感所困扰的时候，你不妨从过去的成功经历中吸取养分，来滋润你的信心。不要沉溺于对失败经历的回忆，把失败的意象从你脑海中赶出去，因为那是你不友好的来访者。失败绝不是你的主要方面，而是你偶然存在的消极方面，是你心智不集中时开的小差。你应该多强调自己成功的一面。一连串的成功，贯穿起来就构成一个成功者的形象。它强烈地向你暗示，你是具有决策力和行动力的，你能导演成功的人生。

人要有 自知之明

老子说："知人者智，自知者明。"即我们平常所说的要有自知之明。自知之明是一种能力，一种透彻地了解和认识自己的能力。在这个世界上，有许多人，甚至是许多杰出的人，欠缺的正是这种自知之明的能力。

所谓自知，就是自己要知道自己、了解自己。常言道："人贵有自知之明。"把人的自知称为"贵"，可见人是多么不容易自知；把自知称为"明"，又可见自知是一个人智慧的体现。人之不自知，正如"目不见睫"，说的正是人的眼睛可以看见百步以外的东西，却看不见自己的睫毛。

著名文学家爱默生在哈佛大学求学时曾看过一则给他启迪颇多的故事。

一只秃鹰飞过王宫，看见王宫中的一只黄莺十分受国王的宠爱，于是就问黄莺："你是怎么得到国王宠爱的。"黄莺回答说："我到王宫后，唱歌十分动听，国王非常喜欢听我唱歌，于是十分喜欢我，就经常拿珍珠来打扮我。"

秃鹰听了，心中很是羡慕，它想："我也应该学学黄莺，这样说不定国王也会喜欢上我的。"于是它就飞到国王睡觉的地方，开始叫起来。正好国王在睡觉，听了秃鹰的叫声，感到十分恐怖。就叫属下去看看是什么东西在叫。属下回来报告说是一只秃鹰不知道为什么在叫。国王感到十分愤怒，就吩咐手下去把秃鹰抓了来，并命令拔光秃鹰的羽毛。

秃鹰浑身疼痛，满是伤痕地回到鸟群中，它恼羞成怒，到处对别的鸟儿说："这都是黄莺害的，我一定要报仇！"

或许我们都认为秃鹰简直没有自知之明，太可笑了。然而，不幸的是现实生活中有大量的"准秃鹰"和"类秃鹰"存在。他们总想着出人头地，却没有意识到自己所具有的能力，一味机械式的模仿别人，结果弄巧成拙，更加可悲的是，当他们达不到目的时，不知反躬自省，却怨天尤人，不是责怪老天不给自己机会，就是责怪别人没有好好地同自己配合。要知道成功还是失败都系于自己。一个没有自知之明的人，无论何时何地总会有无数的坎坷与障碍在等待着他。而一个有自知之明的人，便能够清晰地了解自己的过去、现在甚至未来，正确地看待并且评估自己，从而使自己能够不断进步，不断提高。

不管是由愚蠢导致的无自知之明，还是由于无自知之明导致的愚蠢。无论如何，没有自知之明的人，也许永远都不知道自己是没有自知之明的，因为他们从未想过用聪明智慧去了解自己！

"自知"是做人的基石。只有切实做到"自知"，才能把握自己，把握人生。既不好高骛远，妄自尊大，目空一切，又不自卑、自馁、妄自菲薄，丧失自我。只有切实做到"自知"，才能诚实做人，脚踏实地做事。只有客观的认识自己，清楚自己的优点与缺点，明白自己的能与不能，才能发掘自身潜力，进而超越自我。

很明显，自知之明需要从了解自我开始。首先要有自知之明的愿望。能经常反思自我、审视自我、把握自我。"吾日三省吾身"，反思自己的所作所为，所思所想，明了自身的长短优劣，不断矫正自己。

同时，要有自知之明的内在主动。人活一世，见不到自己的脊背。这就需要借助别人这面"镜子"来观察自己，通过别人的评价来了解自己，认识自己。

当然必须是自己诚心诚实，别人才会真心真意，别人这面"镜子"才会是平面镜，而不是"哈哈镜"，别人对你的评价，才真实、可靠，才有利于你全方位的认识自己。

认识自己，具备自知之明是人一生的课题。世界上最难的事，不是别的，就是认识自己。有时，在人生的某个阶段，能比较好的了解自己，到了人生的另一个阶段，它反而会变得模糊，成为自我发展中的一个障碍。

所以，对一般人来说，要做到真正认识自己，是很不容易的，需要一生的聪明智慧，需要一生的努力。也因为如此，自知之明才显得更加可贵。

一个人要想有自知之明，首先要真正了解自我，而要真正了解自我就必须换一个角度看待自己。首先，"察己"。客观地审视自己，跳出自我，关照自身，如同照镜子，不但看正面，也要看反面；不但要看到自身的亮点，更要觉察自身的瑕疵。包括对自己的学识、能力、人格、品质等进行自我评判，切忌孤芳自赏、妄自尊大。其次，不断自我完善，见贤思齐，有则改之，无则加勉。须知天外有天，人外有人。只有真正了解自己的长处和短处，明确哪些是需要继续发扬光大的，哪些是需要避免的，避其所短，扬其所长，才能对自己的人生坐标进行准确定位。当你认识到自己的不足时，才是进步的开始。

做人贵有自知之明。只有认识自己的人，敢于和命运打拼的人，才能尊重别人，在人群中才有立足之地，才能受到众人的尊重。

第二章

永远都不要放弃
你的志向和梦想

明确的目标
引导着人生的脚步

哈佛大学有一个非常著名的关于目标对人生影响的跟踪调查。对象是一群智力、学历、环境等条件差不多的年轻人，调查结果发现：

27％的人没有目标；

60％的人目标模糊；

10％的人有清晰但比较短期的目标；

3％的人有清晰且长期的目标。

25年跟踪研究的结果，他们的生活状况及分布现象十分有意思。

那些占3％的人，25年来几乎都不曾更改过自己的人生目标。25年来他们都朝着同一方向不懈地努力，25年后，他们几乎都成了社会各界的成功人士，他们中不乏白手起家者、行业领袖、社会精英。

那些占10％的人，大都生活在社会的中上层。他们的共同特点是，那些短期目标不断被达成，生活状态稳步上升，成为各行各业的不可或缺的专业人士。如医生、律师、工程师、高级主管等。

那些占60％的人，几乎都生活在社会的中下层，他们能安稳地生活与工作，但都没有什么特别的成绩。

那些27％的人是25年来都没有目标的人，他们几乎都生活在社会的最底层。他们的生活都过得不如意，常常失业，靠社会救济，并且常常都在抱怨他人，抱怨社会，抱怨世界。

树立正确的人生目标，并且坚定地为自己的目标而奋斗，才是人生价值实现的关键。目标是人生的方向。人生没有目标就像飞机没有航线，轮船航海没有灯塔，所以每个人都应该树立自己的目标。

沙漠中没有方向的人只能徒劳地转着一个又一个圈子，生活中没有目标的人只能无聊地重复着自己平庸的生活。对沙漠中的人来说，新生活从选定方向开始；而对于现实中的人来说，新生活从确定目标开始。正如空气对于生命一样，目标对于成功者有绝对的必要。

1973年，英国利物浦市一个叫科莱特的青年考入了美国哈佛大学，常和他坐在一起听课的是一位18岁的美国小伙子。大学二年级那年，这位小伙子和科莱特商议，一起退学，去开发32Bit财务软件，因为新编教科书中，已解决了进位制路径转换问题。

当时，科莱特感到非常惊诧，因为他来这儿是求学的，不是来闹着玩的。再说对Bit系统，墨尔斯教授才教了点皮毛，要开发Bit财务软件，不学完大学的全部课程是不可能的。他委婉地拒绝了那位小伙子的邀请。

10年后，科莱特成为哈佛大学计算机系Bit方面的博士研究生，那位退学的小伙子也在这一年，进入美国《福布斯》杂志亿万富翁排行榜。1992年，科莱特继续攻读博士后。那位美国小伙子的个人资产，在这一年则仅次于华尔街大亨巴菲特，达到65亿美元，成为美国第二富翁。1995年科莱特认为自己已具备了足够的学识，可以研究和开发32Bit财务软件，而那位小伙子则已绕过Bit系统，开发出Eip财务软件，它比Bit快1500倍，并且在两周内占领了全球市场，这一年他成了世界首富。一个代表着成功和财富的名字——比尔·盖茨，也随之传遍全球的每一个角落。

在这个世界上，有许多人认为，只有具备了精细的专业知识才能从事创业。然而，世界创新史表明：不少成就一番事业的人，都是在知识不多时，就直接对准了目标，然后在创造过程中，根据需要补充知识。比尔·盖茨哈佛大学没毕业就去创业了，假如等到他学完所有知识再去办微软，他还会成为世界首富吗？

所以，我们要找准人生定位，树立正确的目标。苏格拉底说："人啊，认识你自己。"认清自己的能力，结合实际，问问自己，今后想干什么，想成为什么样的人，确定人生目标。一个人只有有了目标，才能一往无前地去奋斗，去拼搏。

目标会在两个方面起作用：它既是努力的依据，也是对你的鞭策。目标给了你一个看得见的射击靶。随着你努力实现这些目标，你会有成就感；而且制定和实现目标就像一场比赛。随着时间的推移，你实现了一个又一个目标，这时你的思维方式和工作方式也会渐渐改变。

人常说：有什么样的目标，就有什么样的人生。如果你期望潜能得以充分发挥，那么就请你订下一个远大的目标，相信你在向它挑战的过程中，会发现无穷无尽的机会，会使人生攀上一个新台阶。

今天的你是真正的你吗？你的潜能完全发挥出来了吗？相信你的未来会远胜于今天，现在是你下定决心，给自己订出一个值得追求的目标的时候了！

[决心有多大，
人生的舞台就有多大]

很多心理学专家都认可这样一个观点：一个糟糕的想法最终会收获一个糟糕的结果，一个美好的想法最终可以收获一个美好的结果，简而言之，就是"心想事成"。

心理学家也认为，最终能在多大程度上实现"事成"，取决于"心想"的程度，即你的决心有多大。

从哈佛毕业的名人数不胜数，大多数是科学家、企业家和政界人士。殊不知，第一个现代奥运冠军与哈佛大学也有着千丝万缕的联系。他就是詹姆斯·康纳利。

1896年4月6日，现代奥运史上的第一个世界冠军诞生了，他就是来自美国哈佛大学的学生詹姆斯·康纳利。

康纳利1895年被哈佛大学录取，学习古典文学。在学校时，他已经是当时全美三级跳远冠军了。听说奥运会即将在雅典举行，他便向学校请8周假前去参赛，但学校拒绝了他的要求。康纳利执意要到奥运会上一试身手，于是他离开了哈佛，自己争取到参加奥运会的资格，成为由11人组成的美国代表团的成员之一。

与他一同前去的其他美国同伴都是波士顿体育协会麾下的运动员，参赛是免费的。而康纳利太穷了，他享受不到这种待遇。他这次参赛是在一家很小的体育协会的赞助下才成行的。由于资金紧张，他花掉了自己仅有的700美元的积蓄，才登上了德国德福达号货船。

就在起航的前两天，他伤了后背，这几乎毁了他的全部计划。幸运的是在从纽约到那不勒斯的17天航行中，他的伤痊愈了。但是刚下船，他的钱包又被人偷走了。这还不算，更为糟糕的事接踵而来：因为希腊历制和西方历制不同，比赛在他们到达的第二天就开始了，而不是他们原以为的12天之后；而对他更为不利的是，他的三级跳远项目的起跳要求是单足跳——单足跳——起跳，而不是他从小练习的传统跳法单足跳——跨步——起跳。

4月6日下午，三级跳远比赛开始了。在其他运动员跳完之后，康纳利最后一个出场。他走到沙坑前，把帽子扔到了一个别的运动员跳不到的位置上，大声呼喊自己要跳到帽子那里去。他在跑道上加速，按照新的规则，先两个单足跳，然后起跳，最后落在比他的帽子更远的地方，跳出了13.71米的好成绩，成为当之无愧的现代奥运史上的第一个冠军。

1949年，哈佛大学主动与他和解，并授予他博士学位，并不是每个人都能在逆境中坚持自己的决定。面临着参加奥运会就要离开学校，且自己自费参赛的严峻考验，詹姆斯·康纳利坚持自己的想法，最终取得了胜利。

每个人都希望自己能够成功，希望自己奋力追逐的目标能够实现，但是，相对于世界人口的总数量而言，成功的人远远少于碌碌无为者。为什么成功者永远是少数人呢？是因为其他的大部分人没有努力吗？回答当然是否定的，其实很多人都很努力，但他们为什么没有成功呢？中国有这样一句老话：行百里者半九十，可以这样理解这句话：如果你的目标是走完一百里，那么，走完九十里才算走完一半。这句话既说明了后面路程的重要，也说明了后面路程的艰难，而那些不成功的人往往就是没有坚持走完后面的"十里路"，正所谓九十九度还差一度才是开水，如果放弃了再上升一度的机会，那么，这种水就是不能喝的。同理，如果在最后关头放弃了努力，那么前面的所有努力也前功尽弃了。这就像阿里巴巴创始人马云在《赢在中国》节目上说过的一句话："今天很残酷，明天更残酷，后天很美好，但绝大部分是死在明天晚上，所以每个人不要轻言放弃。"这同时说明了一个道理，那就是：努力只是成功的必备条件之一，那么，成功还需要什么条件呢？下面我们来看一个故事。

有个落魄不得志的中年人每隔三两天就到教堂去祈祷，而且他的祷告词几乎每次都相同。

第一次他到教堂时，跪在圣坛前，虔诚地低语："上帝啊，请念在我多年来敬畏您的分上，让我中一次彩票吧！阿门。"

几天后，他又垂头丧气地回到教堂，同样跪着祈祷："上帝啊，为何不让我中彩票？我愿意更谦卑地来服侍您，求您让我中一次彩票吧！阿门。"

又过了几天，他再次出现在教堂，同样重复他的祈祷。如此周而复始，不间断的祈求着。

到了最后一次，他跪着道："我的上帝，为何您不垂听我的祈求？让我中彩票吧！只要一次，让我解决所有困难，我愿终身奉献，专心侍奉您。"

就在这时，圣坛上空发出一阵宏伟庄严的声音："我一直垂听你的祷告。可是——最起码，你也该先去买一张彩票吧！"

您曾想过要中一次彩票吗？是否真的想过要成功？

一个人要想成功，只有梦想是不够的，还必须拥有一定要成功的决心，配合确切的行动，坚持到底，才能成功。

只有下定一个不更改的决心，历经学习、奋斗、成长这些不断的行动，才有资格摘下成功的甜美果实。

梦想是成功的起跑线，决心则是起跑时的枪声。行动就如跑者全力的奔跑，唯有坚持到最后一秒，方能获得成功。很多失败的人都是输在起跑线上，还没真正开始比赛，自己就认为自己输定了，自己对自己说没有那种到达目的地的能力，这样逐渐给自己放气，给自己找借口，结果只能以失败告终。所以，我们要造就属于自己的美丽人生，就得有决心和勇气去迎接暴风骤雨。只有这样，你才能乘着梦想的翅膀展翅高飞，历经风雨，找到属于自己的一片美丽蓝天。

做自己 想做的事

哈佛成功金言中有这样一句话：如果你不知道自己的一生目标是什么，你还想得到什么？这么一句简单的话语道出了一个人设立目标的重要性。

目标使人自我完善，永不停步。自我完善的过程，其实就是潜能不断发挥的过程。而要发挥潜能，你必须全神贯注于自己的优势方面。当你不停地在自己有优势的方面努力时，这些优势必然进一步发展。

由此可见，目标使你成为一个成功的人。美国19世纪哲学家、诗人爱默生说："一心向着自己目标前进的人，整个世界都给他让路！"

迈克·约翰逊是美国短跑名将，为了挑战人类体能极限，他在成功之路上也曾遭遇了各种挫折，历经两次奥运会上的失败。然而，他并没有放弃自己想要成为世界冠军的目标，每当他遇到重大挫折和困难时，他都会继续努力，因为他坚信，自己一定能再次站立起来。在亚特兰大奥运会400米赛跑的场地，曾有一位记者这样形容当时的精彩场面："当枪声响起，他如飞而去，不一会儿就把所有的选手甩在后面。他专心致志地注意跑道，观众的喧哗声似乎从他的耳中渐渐退去，其他的选手好像也不存在了，眼前只剩下他和脚下的跑道，心中有一个自然的节拍在运作着，他全神贯注在目标上。"最后，他终于赢得了冠军，站在了那个期待已久的领奖台上。

可见，有目标未必能够成功，但没有目标的人一定不能成功。博恩·崔西说："成功就是目标的达成，其他都是这句话的注解。"成功人士正是因为设定了目标才成功的，而不是成功了才设定目标。

如果说，只有特殊的重要人物才会拥有目标，你也是这样认为的话，那么，你将永远无法超越平庸的角色。生活中，我们每个人都有梦想的权利，拥有梦想，是一件简单而令人兴奋的事情，而目标就是我们要实现的梦想。人没有目标，就不会有所进步，更不会去采取任何实践的步骤。我们暂且不说人要有一个长期的目标，就拿一件最简单的事来说，如果今天你没有明确的目标，你就无事可做，今天的你就会糊里糊涂地度过，而收获的只是茫然。同样，如果一个人没有明确的目标，他也很难有一个完整的人生规划，可想而知，他的这一生也会像这一天一样，没有任何价值。

对自己的人生负责是每个人都应该做的事情，你要么为自己的目标付出努力，你要么什么都不必付出；你要么主动掌握这个过程，要么随波逐流、听天由命。当你制定目标的时候，关键一点是要追逐一个你相信值得去追逐的梦想。只有你知道自己想要的是什么，通过设定现实可行、能够实现的目标，你就能避免挫败，而每一个小小目标的实现，都会让你更加自信。

博恩·崔西是世界一流的效率提升大师，他曾说："成功最重要的是知道自己究竟想要什么。成功的首要因素是制订一套明确、具体而且可以衡量的目标和计划。"

目标如此重要，但在现实生活中，很多人就没有目标。原因之一，就是他们不设定目标，不知道目标的重要性。原因之二，就是设定目标后害怕失败。一旦有了目标，就要去付出，去实现，在实现目标的过程中必定会遇到障碍和困难。一想到障碍、困难就害怕，就犹豫。同时，又受到"安于现状"这一人类懦弱天性的暗示，因而一提目标，便望而生畏，止步不前。原因之三，就是害怕被人耻笑。因为世界上没有设定目标的人占绝大多数，因而设定目标者必然被视为异类和疯子，被认为假惺惺、装模作样、出风头等，而遭到围攻和耻笑；更有甚者，若短期内无起色（目标未实现），将遭到加倍的嘲讽而抬不起头来。所以，看起来设定目标的风险和成本是很高的。这里的关键还是心态问题。只有最后的成功，才能真正使你扬眉吐气！原因之四，就是不知道设定目标的方法。

另外，还有一种人不愿设定目标。他们觉得这样做既僵化，又缺乏创意。他们随遇而安，平静恬淡，行其所当行，止于所当止，无拘无束，知足常乐。这种人当属"世外高人"了。如老庄、济公。这些人恰恰以"无为"为目标，以"无目标"为成功，已跳出三界外，不在五行中，让他们"成仙"去吧！我们不是神仙，我们是凡人，我们想要成功。陀思妥耶夫斯基说："要信神，就必须有神，要成功，就必须确定目标。"

我们每个人都渴望幸福，都渴望成功，去自己想去的地方。但是要成功就要达成自己设定的目标或是完成自己的愿望。否则，成功是不能实现的。成功就是实现自己有意义的既定目标。在这个世界上有这样一种现象，那就是"没有目标的人在帮助有目标的人达到目标"。因为没有目标的人就好像没有罗盘的船只，不知道前进的方向，有明确、具体目标的人才就像有罗盘的船只一样，有明确的方向。

只摘够得着的苹果

理想就像挂在树上的苹果。宏大的理想就是最大最红的那个苹果，它无疑是最诱人的，是人人梦寐以求的，可它又总是那么高高在上，难以企及。而实际的理想则像是摘得的苹果，它远没有最大的苹果那样吸引人，却是经过努力可轻易得到的。人人都面对这样一棵苹果树。如果选择去摘最大的那个苹果，就要冒着穷尽一生精力、最后可能一事无成的危险。但如果选择去摘够得着的苹果，就要放弃诱人的最大的那个苹果。或许摘到的苹果能够满足你一时的需要，但心中却永远留下了对于最大的那个苹果的无限遗憾。

哈佛一位教授曾说："生活中要学会平和地接受，只摘够得着的苹果。"想想这话的确有道理，尽自己最大的能力做好力所能及的事情，只摘够得着的苹果，这样的生活才会踏实、安逸。

孙风是一个培训公司的著名讲师，他在一次演讲中，讲了自己少年时代的一段经历，他说："12岁那年，老师带着我和成子一起去帮果农收苹果。果农就是村里的刘老汉。他的老伴早已去世，儿子在部队。到了苹果收获的季节，眼看红彤彤、水灵灵的苹果就要从树上'熟'到地上了，老汉急呀……老师带着我和成子就去给刘老汉当'救兵'。一想到咬一口甜到心的红苹果，我俩自然一百个乐意。"

刘老汉的果园里栽了好多种果树，桃树、梨树、山楂树，苹果树各有4棵。老师把斗志昂扬的我和成子拉到身边说："咱来个劳动竞赛吧，你两一人先包一棵苹果树，当然不要求你们非得摘完，到时咱比一比谁摘得多。"我们想都没想就一口答应下来。我和成子相视一笑，迅速选定目标，一人对付一棵苹果树。

一开始，我们分不出高低。看着一个个又红又大的苹果稳稳当当落进筐里，我们的心里乐开了花。苹果装满三大筐时，我们离树上的苹果越来越远了，我和成子都踮着脚尖、探着身子去摘那些挂在树枝高处的苹果。成子搬个小凳踩在脚下，不紧不慢地摘。我突然想，何不爬到树上去，那样肯定能胜他一筹。

我爬到高高的枝丫上，那些高枝上的苹果正向我招手呢！突然，"喀嚓"一声脆响，我尖叫着抓着几片叶子重重跌到地上。幸运的是，只是胳膊擦破了点皮。刘老汉和老师慌忙跑过来将我扶起，我对他们说："没事，我一定要胜过成子。"说着就又要往树上爬。

老师坚决不许我再"冒险"了。自然，这场比赛因我中途退场而宣告结束，我成了当然的失败者。

事后，老师对我说："有些苹果，比如最高枝头上的那些，你不去摘也没关系，有我和老刘呢！你只去摘你抬抬脚或站在凳子上就能摘到的苹果就已经足够了。你瞧，成子就是这样做的。他在力所能及的范围内努力，不但摘得比你多，更重要的是他比你理智……"

记不得当时怎么想的了，只是多年以后，凭着自己的一腔热血，去追逐高远的梦想，我的理想好像一次又一次被现实击倒，雄心一次又一次以无奈而告终的时候，我反复咀嚼这位老师的话，才渐渐悟出当年老师对我说的这些话是多么重要。现在的我仍然有理想、有目标、有追求，但是相比以前我变得理智多了，也成熟多了。我知道，只有去珍惜、去获取那些够得着的"苹果"，生活才不会让人失望。那些现在不能摘到的"苹果"，并非永远不属于我们。想一想我曾经有许多的好机会，但是我没有去好好把握，如今还是放弃为好。

有些事，有些人放弃才是明智的选择。只有放弃，才能超脱，才会给自己激励，腾出空间和时间去接纳或学习其他更多、更好的东西，最终取得更大的成功。所以，当我们还没有实力去采摘那些高处的苹果时，无论你多么希望得到它，多么需要得到它，只要客观条件不成熟，就必须暂时放弃，然后通过务实的途径，去追求够得着的苹果。等你长高了，你自然会摘到更多、更大的苹果。

志向是指引人生的一面旗帜

不努力去想，不努力去做的人，都是碌碌无为、跟随大流的平庸者。当然也有付出努力和艰辛却没有获得成功的人。但如果不付出这种努力和艰辛，你就不可能有成功的机会。我们在追求一个目标的过程中，通常需要不断地学习和充实自己，汲取更多的知识营养。哈佛大学的伯克希·威廉教授说："我们赞成学生树立一个目标，并为之去奋斗，因为这通常会给予他们无穷的力量。"

由此可知，一个人想要成就一番事业，首先要有坚定的志向。

确立远大的志向对我们具有重要的意义。正确的志向，一方面反映了人们的追求和愿望，另一方面反映了事物的客观规律和发展趋势。因此，志向是一种指向未来的价值目标。

志向作为一种价值目标，它能够激发人们的意志和激情。产生强大的精神动力。激励人们以积极、主动、顽强的精神投身于生活，对人生抱有积极向上的进取精神和乐观的态度。

成功的人之所以成功，是因为志向这面旗帜指引着他们前进的方向，并促使他们为之持续不懈地奋斗。

罗杰·罗尔斯是美国纽约州历史上第一位黑人州长，他出生在纽约声名狼藉的大沙头贫民窟。这里环境肮脏，充满暴力，是偷渡者和流浪汉的聚集地。在这出生的孩子，耳濡目染，他们之中很多人从小就逃学、打架、偷窃甚至吸毒，长大后很少有人从事体面的职业。然而，罗杰·罗尔斯是个例外，他不仅考入大学，而且成了州长。在就职记者招待会上，一位记者对他提问：是什么把你推向州长宝座的？面对300多名记者，罗尔斯对自己的奋斗史只字未提，只谈到了他上小学时的校长——皮尔·保罗。

1961年，皮尔·保罗被聘为诺必塔小学的董事兼校长。当时正值美国嬉皮士流行的时代，他走进大沙头诺必塔小学的时候，发现这里的穷孩子比"迷茫的一代"还要无所事事。他们不与老师合作、旷课、斗殴，甚至砸烂教室的黑板。皮尔·保罗想了很多办法来引导他们，可是没有一个是有效的。后来他发现这些孩子都很迷信，于是在他上课的时候就多了一项内容——给学生看手相，他用这个办法来鼓励学生。

当罗杰斯从窗台上跳下，伸着小手走向讲台时，皮尔·保罗说："我一看你修长的小拇指就知道，将来你是纽约州的州长。"当时，罗杰斯大吃一惊，因为长这么大，只有他奶奶让他振奋过一次，说他可以成为五吨重小船的船长。这一次，皮尔·保罗先生竟说他可以成为纽约州的州长，着实出乎他的意料。他记下了这句话，并且相信了他。

从那天起，"成为纽约州的州长"就成了罗尔斯人生的志向，他时时刻刻都为实现这一志向而努力。罗尔斯不仅勤奋读书，修炼品行，而且就连言谈举止也努力像州长那样。罗尔斯的衣服不再沾满泥土，他走路挺直腰杆，说话时也不再夹杂污言秽语。51岁那年，罗尔斯终于实现了自己的志向，成为纽约州的州长。

"有志者，事竟成。"这是古人给我们留下的宝贵经验。罗尔斯的成功同样验证了这句名言的真实性。

"志当存高远！"梦想是一个让人魂牵梦萦的至高境界。为了梦想，人们可以不顾一切，孜孜以求，甘洒血汗。梦想给人生铺砌了一条五彩斑斓的路途。一个没有志向的人就像一艘没有舵的船，永远漂流不定，只会到达失望、失败和丧气的海滩。成功者总是那些有志向的人，鲜花和荣誉从来不会降临到那些无头苍蝇一样在人生之旅中四处碰壁的人头上。

"有志者，事竟成，破釜沉舟，百二雄关终属楚；有心人，天不负，卧薪尝胆，三千越甲可吞吴。"聪明的人，有理想、有追求、有上进心的人，一定都有明确的奋斗目标，他们懂得自己活着是为了什么。因而他们的所有的努力，从整体上说都能围绕着一个比较长远的目标进行，他们知道自己怎样做是正确的、有用的。有了明确的奋斗目标，也就产生了前进的动力。我们每一个人都要锲而不舍地为自己的梦想而努力，梦想即使实现不了，也会在为实现梦想的努力中得到充实和提高。

在坚持中追寻
自己的梦想

一个有事业追求的人，可以把"梦"做得高些。虽然开始时是梦想，但只要不停地做、不放弃，梦想就能成真。

美国前总统约翰·肯尼迪出生于1917年5月29日，毕业于哈佛大学。肯尼迪一直以来都是美国人民的骄傲，也是哈佛人的骄傲。哈佛大学为了纪念他们心目中的这位英雄，建立了肯尼迪政法学院。他的经历让我们震撼，更让我们为这名为国家出生入死、赴汤蹈火的战斗英雄感到自豪。

最让人难忘的就是1943年，美国海军在所罗门群岛与日军展开激战，身为上尉的约翰·肯尼迪不幸受伤落海。在这生死关头，是当地土著居民埃洛尼·库马纳及其同伴尤库·加萨冒死冲破重重困难，穿越了日军控制的海域，替他送出了那枚刻有求救信息的"椰子信"，最终成功地搬来盟军救兵。

具体的情况是这样的：

当美国海军与日军展开战斗时，身为海军上尉的约翰·肯尼迪指挥的"PT-109"号鱼雷艇被日军"天雾"号驱逐舰击成两截，艇上两名水手阵亡。浓浓的烟雾弥漫着整个天空，周围的一切都充满着恐惧和凶险，好在身负重伤的肯尼迪和艇上其他10人只是受了伤，没有什么生命危险，他们躲过了这一劫。于是，大家带着求生的欲望和爱国的热情拼死奋力地游向远处的一座小岛。可以说，那座小岛就是他们的希望，或许也是国家的希望。肯尼迪为了不给同伴们带来危险，也担心大家再被日本军舰发现，于是他与同伴商量选择在海上小心翼翼地漂流，同时他们还忍受着饥饿和严寒，努力地寻找着盟军军舰。

就这样，他们不知在海上漂流了几天，最后终于在赤道附近的瑙鲁岛登陆，这让他们看到了生的希望。肯尼迪上岸后，就开始想办法与盟军取得联系，这时恰好与正在失事日军军舰上寻找食品和衣物的两名土著人不期而遇。他们就是21岁的埃洛尼·库马纳及其伙伴尤库·加萨，尤库·加萨当时是受雇于盟军的战时侦察员。

大家想出了一个求救的办法，那就是用椰子壳做纸，把信息传到总部。肯尼迪在一枚青色的椰子壳上认真而又简洁地写下了这样一段话："诺拉岛；土著知道位置；他会驾驶；现有11人活着；需要小船——肯尼迪。"一切都办妥后，库马纳和加萨就穿过日军控制的海域，冒着生命危险在海上划行了56公里，克服重重困难，终于将这枚载有重要信息的"椰子信"送到了位于伦多瓦港的盟军海军基地。最后，约翰·肯尼迪等人被美国海军营救。

从硝烟中闯过来的肯尼迪大难不死，回国后顺其自然地成了美国民众心目中的战斗英雄，并被美国海军授予了"美国海军陆战队奖章"。

"请问，肯尼迪先生，您在这次战斗中表现得无比英勇和机智，是什么让你拥有这些难得的品质呢？"记者在一次访问中这样问道。

肯尼迪沉思了片刻，脸上洋溢着一丝幸福的微笑，深情地说："一切都要归功于我的父亲！"肯尼迪又一次陷入了沉思。

"您的父亲？这怎么说呢？您能详细地说一下吗？"

"很小的时候我的父亲就开始锻炼我的意志力和独立能力。记得有一天，天空非常晴朗，于是父亲决定带我出去游玩，当时我高兴得手舞足蹈，因为我最喜欢和父亲一起驾着那辆马车出门了。看到外面旖旎的景色，我到了忘我的地步，再加上车辆拐弯，车速又比较快，我被狠狠地甩了出去。当父亲停下马车时，我以为他会来扶我。可是……"肯尼迪停了下来，"父亲并没有来扶我，而是悠闲地抽起了烟。我记得当时父亲说了一句话：'你要自己爬起并走到马车上来。'我当时真的想哭，但我没有。父亲接着说：'你知道我为什么让你自己爬起来吗？因为人生就是这样，跌倒、爬起来、奔跑；再跌倒、再爬起来、再奔跑。儿子，记住，任何时候跌倒都要靠自己再次站立，没有人会去扶你。'就是这句话让我终生受益，至今我都记忆犹新！所以，我说一切都源于我的父亲。"此时肯尼迪的周围响起了一阵阵热烈的掌声。

富兰克林·罗斯福曾经说过：唯一值得恐惧的是恐惧本身。因此，一个心理健全的人应该学会摆脱恐惧，卸掉心灵的枷锁。尤其是年轻人，更应该战胜生活中遇到的一切困难，而不是逃避人生，更不能妄自菲薄。只要你拥有了战胜困难的勇气，恐惧就会不战而退、不击而倒。

人的一生不会一帆风顺，难免会遭受挫折和不幸。但是成功者和失败者非常重要的一个区别就是，失败者总是把挫折当成失败，从而使每次挫折都能够深深打击他追求胜利的勇气；成功者则是从不言败，在一次又一次挫折面前，总是对自己说："我不是失败了，而是暂时还没有成功。"一个暂时失利的人，如果继续努力，打算赢回来，那么他今天的失利，就不是真正的失败。相反，如果他失去了再次战斗的勇气，那就是真的输了！

如果一个人把眼光拘泥于挫折的痛感之上，他就很难再抽出身来想自己下一步如何努力，最后如何成功。一个拳击运动员说："当你的左眼被打伤时，右眼还得睁得大大的，才能够看清敌人，也才能够有机会还手。如果右眼同时闭上，那么不但右眼要挨拳，恐怕连命也难保！"拳击就是这样，即使面对对手无比强劲的攻击，你还是得睁大眼睛面对受伤的感觉，如果不是这样的话，一定会失败得更惨。其实人生又何尝不是这样呢？

"跌倒了再爬起来"，看起来是一句鼓舞失败者最好的话，但是要真正实现起来，需要的是自我鼓励的品质和勇气。

自己的命运 自己主宰

哈佛大学的奥托·维斯教授总是不忘提醒他的学生：一个人朝着什么方向行走，要达到什么目的，自己才是主宰者。把握自己命运的永远只有你自己。

如果一个人将自己的发展依赖于别人的定位，而缺失自己的人生目标，缺少自我追求，就难以做出一番事业。雕琢自己生命的，永远都只能是你自己。你的生命是平淡无奇还是绚丽多彩，都由你自己决定。你就是自己人生的设计师。

一个叫摩尔的国王战败被俘，依照规定要处以极刑，但战胜国的国王阿基十分欣赏他的才能，于是就给了摩尔一个机会，让他回答一个问题，答对了，摩尔就可以得到释放。

这个问题是："女人真正想要的是什么？"限期5天。摩尔接受了这个问题，思考了3天都难以回答。而且，他身边的女人也是回答不一，没有合适的答案。

这时有人告诉摩尔，附近的山里住着一个老太婆，是个女巫。据说她智力超群，可是性情古怪。眼看期限就要到了，摩尔别无选择，只好进山去找女巫。女巫答应了他的请求，但条件是要与摩尔的武士兼朋友高山结婚。

高山是全国闻名的武士，他长得英俊潇洒、身材魁梧，而且智勇双全、为人义气，是国王摩尔最信任的朋友。

听了女巫的话，摩尔惊骇而失望，他看看那个丑陋的女人，皱纹满面、头发脏乱、牙齿发黑，而高山相貌堂堂、诚实善良，是最勇敢的武士。于是摩尔不假思索地说："不，我不能为了个人的自由，强迫我的朋友娶你这样的女人！"摩尔从山里回来，消息被高山知道，他立即赶到女巫那里说："为了国王和我的国家，我愿意娶你。"

之后，女巫回答了这个问题。"女人最想要的，是主宰自己的命运。"于是摩尔因此得到了释放。

新婚之夜，高山走进新房，准备面对一切，然而，一个绝世美女却躺在他的床上，女巫说："我在一天的时间里，白天是奇丑无比的女巫，晚上却是倾城倾国的美女，高山，你想我如何选择呢？"

这个问题尖锐而残酷，高山会怎样选择呢？

高山这样回答道："既然你说女人真正想要的是主宰自己的命运，那么就由你自己决定吧！"听到这个答案，女巫热泪盈眶："我选择白天夜晚都是美丽的女人，因为我爱你！"

在选择自己的命运时，高山以自己非凡的胆识做出了人生的决定。而命运也给予了他丰厚的回报。在充满坎坷的人生旅途中，如何把握自己的命运，是永久的课题。

命运是好是坏都是自己注定的，命运在我们自己手里，它应由我们自己去创造，自己主宰。但一个没有目标的人，就像一艘没有舵的船。只有根据自己的特长来设计未来，并确定自己的发展方向，才能在某个领域里获得成功。只有确定了自己的目标，利用时间充实自我，你的世界就会永远是晴空万里，阳光灿烂。

是啊，只要利用好每一天，我们的人生就会精彩纷呈，我们的快乐就会永不止步。人生历程中，我们当中有的希望自己成为国家领导人，有的想成为一流企业家，有的想当受人喜爱的艺术家，有的想做令人嘱目的演说家，还有纵横时代的经济学家、传统意义上的智者、备受子女爱戴的父母，或者是只想做一个充满善心的普通人……

无论你想做什么，无论你采用什么样的方法，都取决于我们自己。"我的命运我做主"，我们的命运也应该由我们自己主宰。为了实现自己的人生理想，没有人可以号令我们，我们必须为目标而战，为自己奋斗。我们知道，在我们的内心深处，存在着一种潜意识，这种潜意识就是——我们付出了什么，我们就会有什么样的收获。所谓"种瓜得瓜，种豆得豆"，即在于此。我们选择了怎样的心态，怎样的思想方法，怎样的思维方式，就注定了我们会有怎样的成就！

为目标而战！相信成功有序可循。为自己奋斗的过程中，不管我们希望变成一个怎样的人，对我们而言，只要我们脚踏实地地去做自己想做的事情，我们就会成功！

为目标而战！"没有人能够随随便便成功"，天分固然重要，但努力永远不可或缺，只有努力，人生才会走向光明，才会走向巅峰。永远保持勤奋的工作态度，永远保持乐观向上的积极心态，相信聪明睿智的你一定会得到他人的赞扬和称许，一定会赢得老板的器重和信赖，同时也会获得更多的升迁和奖励。

不要被眼前困境所蒙蔽

哈佛大学的哲学系教授南希·史密斯曾经说过："人的生命之所以无价，是因为它短暂但却绚烂，但是每个人最终可以创造多少价值，关键在于自己。"

每个人都在不断地追求着属于自己的梦想，并且认为有许多东西都是有价值的，比如金钱、名利、地位等。其实，人类最有价值的东西是生命，如果失去生命，生活便没有任何意义。

我们应该珍惜有限的时间，去完成自己的梦想，要正确地估量自己的价值，保持积极向上的人生态度，不要因为暂时的困难和挫折而放弃自己的梦想，只有懂得珍惜生命的人才能让每一天都过得有意义，不会白白浪费时光。

很久以前，美国纽约有一个非常出色的演说家，他的演讲方式既幽默又富有感染力，只要听过他演讲的人都难以忘怀。但是，在某一次演讲中，却发生了这样的情况：演说家一改往日的演讲方式，只是用极其平常的语句来论证自己的观点。这让在场的许多人都感到不解，只有那些曾经目睹过他的风采的人显得十分期待，而那些没有听过他演讲的人却认为他并非传闻中的那样出色。

这时候，演说家从上衣口袋中拿出了一张崭新的面值为20美元的纸币，然后将纸币高高地举起来，大声地向台下的观众喊道："你们哪位想要这张纸币？"在场的人听到演说家的话之后，都显得十分兴奋，几乎所有的人都举起了手。

看到这种情况，演说家的脸上露出了笑容："噢，看来有许多人都想要，但是我只能将这张纸币赠送给你们当中的一位朋友，不过在这之前，请允许我做一件事情。"

于是，演说将手中的那张纸币揉成了一团，然后又向台下问道："那么，现在你们谁还想要这张纸币呢？"这时依然有许多人举起了手。演说家依然只是微笑，他又将那张纸币放到了地面上，并抬起脚使劲踩了几脚。做完这一切之后，他依然像刚才那样问台下的人，但是这一次却没有人再举起手了。

在场的观众都显得十分不解，他们不明白这位著名的演说家到底想要表达什么，所以他们都静静地等待着。此时，演说家弯下腰捡起了地上的纸币，那张纸币的表面已经变得又脏又破，他用纸巾擦了擦纸币表面的灰尘，然后又举起了那张纸币，再次问了与前面相同的问题，这时又有一些人举起了手。

但是，演说家却说道："各位在场的朋友，其实你们已经为自己上了一堂十分有意义的哲学课。我用了许多种方法来对待这张20美元的纸币，你们的反应也随之改变，其实所有的情况都在我的预料之中。每个人都希望可以不费任何代价就得到一张崭新的20美元纸币，当它被揉成团、伤及自尊的时候也依然会有人想要得到它。但是当这张纸币被践踏时，它在你们每个人心中的价值便会大大地降低，因为在你们看来，它已经没有争取的必要了，因为继续争取只会丧失自己的尊严。可是当我最后将它重新抚平，将灰尘擦干净之后，你们又在心中肯定了它的价值。"

演说家停顿了一下，台下的人们都沉默了，他们静静地望着台上，眼中流露出了一丝惊喜和兴奋。演说家接着说道："实际上，不管我刚刚怎样对待这张20美元的纸币，如果将它拿到市场上去，依然可以换取与它价值同等的物品。因为这张纸币的价值并没有真正降低，它的价值依然没有改变，只不过因为我们的偏见而改变了它的价值。在每个人的一生中，必定会遭受许多的困难和挫折，这时你也许会对生活失去希望，甚至认为没有任何活下去的意义。其实，当遇到这种情况的时候，我们应该更加地自信，因为生命的价值并不在于别人是如何看待和评价你，而完全取决于自己。因此，在这个世界上，只有自己才是自己的救世主，没有谁可以随意动摇你存在的价值。"

演说家的这一番精彩演讲感染了所有在场的人，没有谁再怀疑这位演说家的实力，他们的脸上都带着佩服的表情。同时，人们纷纷陷入了沉思，思考着演说家话里的含义。

其实，生活本来就是如此，在短暂的一生中，每个人都可能有环境不好，遭遇坎坷，工作辛苦的时候，这时人们往往会因为外界环境而改变自己的想法和看法，无法理性地判断问题，将大好时光浪费在一些没有任何价值的事情上，最后甚至会采取逃避的手段。在我们所生活的这个时代，竞争是社会的常态，几乎所有人都在弱肉强食的环境里打拼着，而胜利往往只属于那些珍惜时光的人。珍惜时间的人不会因暂时的困境和坎坷而止步不前，反而会将此当作一次考验，他们会越挫越勇，无畏无惧。

生命是短暂的，但却是每个人最宝贵的财富。只有历经了无数困难和挫折的洗礼，体会人间百态，才能创造出更大的价值。有一句话叫作"吃得苦中苦，方为人上人"，由此可见吃苦是通往成功的必经过程。无论我们遇到多么巨大的困难，都不应该放弃希望，因为只有自己才是自己的救世主。因此，我们要珍惜短暂的时光，创造更多的人生价值。

沿着心中勾勒的
蓝图走向成功

哈佛人有他们自己的故事，然而哈佛的教授却时时不忘充分利用世界各地的故事来激励哈佛的学子，让他们在这些令人振奋的故事中找到自己的目标，并认准目标，坚持不懈地走下去。"今天是你们进入哈佛的第一天，我希望你们都有自己的人生目标。你们更要认清，哈佛是一所竞争激烈的高等学府，所以，从今天开始，你们都要认准目标，不断地提升自己。"洛恩教授极其严肃地说。

约翰·戈达德出生在美国西部的一个小山村，他的父母几乎没有什么固定的收入来源，所以一家人生活过得很拮据，家境非常清贫。在约翰15岁的时候，他考入了乡镇的一所中学，在第一堂语文课上，老师让所有的同学写下自己的愿望。有的同学想成为一名治病救人的医生，有的钟情于三尺讲台想像老师一样教书育人，有的则想成为威武的军人，保家卫国……然而小约翰的愿望却令老师看了都望而生畏：要登上世界第一高峰珠穆朗玛峰，还有麦金利峰；要到人烟稀少的尼罗河、刚果河等地探险，探寻一些人们不知道的自然现象；还要探访马可·波罗所走过的惊险道路；在其他方面则想读完莎士比亚以及亚里士多德等名人的著作，还想像贝多芬一样谱一首自己的乐曲；最后还要为非洲的难民筹集大量的资金，并让他们接受应有的教育……就这样，约翰洋洋洒洒地写下了这些气势磅礴的愿望。这样的愿望连老师都感到惊讶，可约翰还是当着同学们的面读出了他的这些愿望，这引来了全班同学的嘲讽。可是，小约翰并不在意这些，因为他坚信自己能够实现这些目标。过后，老师还打趣地数了一下，约翰竟然写下了127项人生愿望。那时没有人认为约翰·戈达德能够实现这些令人望而生畏的愿望，甚至还有人称他为"空想神童"。

可是，少年壮志不言愁。约翰的心就在他写下愿望的那一刻被惊醒了，他的心潮也随之掀起了层层巨浪。从此，他致力于实现自己人生的宏伟目标，他被那一生的目标紧紧地牵引着，很快就踏上了将梦想变为现实的漫长旅程。

在他决定为自己的梦想拼搏时，就已经做好了迎接一切困难和挑战的准备。约翰一路栉风沐雨，经历了无数困难和挫折。在家人和朋友的怀疑下，他硬是要把一个个不可能实现的愿望变成现实。约翰走过了他一生中最艰难却又最宏伟的旅程，他不在乎人生道路上的荆棘坎坷，也不在乎别人怎么看自己的行为，而是懂得如何去体会搏击与成功所带给他的喜悦。因为他知道，总有一天所有人都会对他刮目相看……

约翰也懂"世上无难事，只怕有心人"。44年后，他终于实现了自己的106个愿望。就在那一刻，约翰·戈达德忍耐已久的压抑终于如洪水般化为阵阵仰天大笑。这100多个愿望的实现，让他经历了常人永远也无法经历的过程，从而使他的探险能力异乎寻常。终于，他如愿以偿地实现了自己的人生追求，成为20世纪最著名的探险家。

"其实原因很简单，我只是在确定了自己的目标后，让心先到达目的地。这样，我就会拥有一股排山倒海般的力量，牵引着我不断前进，而我需要做的只是——沿着心灵的召唤走向成功的目的地。"当有人追问他为什么能够把那么多的"不可能"变为可能时，他总是这样意味深长地说。

洛恩教授讲到这里停了下来，他笑笑说："这就是关于冒险家约翰·戈达德的故事，希望能够对你们有所启发。"最后，洛恩教授讲的一席话更是让同学们受益匪浅：没有目标和信念的人生是可怕的，它如同一艘失去船帆的航船，摇摇摆摆，没有方向，终究会葬身大海。如果想要成功，首先需要拥有信念，不要害怕自己的梦想无法实现，因为只要你有了必胜的信念，便如同拥有了船帆，不必再害怕旅途中遇到的风霜雨雪。最后你还需要有一个忠实的船长——坚持不懈的努力。只要你拥有了这两样制胜的法宝，便可以在浩瀚无边的大海上扬帆起航，沿着自己的心灵航程，驶向成功的宝岛。

其实，人生在很多时候，并不会单纯地1+1=2，但只要你一直朝着你的目标、你的梦想去努力，你可能有一天突然从0变成了100，你自己也不一定明白是怎样累积出来的。

可见，坚持是一种无与伦比的力量、信念。它会让你实现遥不可及的梦想，让你创下辉煌的纪录，让你承载生命的奇迹。坚持是对梦想的执着，坚持是人生的马拉松，坚持是一种伟大的信念，是一种无法迁移的毅力。昨日的你已过去，今日的你是否会坚持自己的梦想而拥有明天灿烂的阳光呢？

勤奋是
梦想的翅膀

哈佛智慧经典启示我们：勤奋是走向成功的必备条件，勤奋进取不仅是一种精神，还是人们落在实处的行动。

正所谓业精于勤荒于嬉，成大事者必须勤于努力，因为勤奋能彻底改变一个人，提高一个人的能力。

勤奋，对于我们来说并不是一个陌生的字眼，然而在我们的生活中，谁又能真正地做到勤奋，真正地为实现自己的目标而不懈地努力呢？有人说，我有一个聪明的大脑，什么事都能取得成功；也有人说，只要我掌握了有效的方法和技巧，勤奋与否不是很重要。其实，对于每个人来说，不论你是否聪明，也不论你是否掌握了有效的方法和技巧，都需要勤奋来实现目标和理想，都需要勤奋做成功的基石。

伟大的发明家爱迪生有一句至理名言："成功是1%的天分和99%的勤奋。"可见，天分也许很重要，但更重要的是勤奋。我们只习惯看到别人的成功和辉煌，看到别人的光鲜亮丽和富有，殊不知在这成功的背后，有多少勤奋、努力和汗水才铸就了今天的辉煌。如果说成功是一张色彩绚丽的糖纸，那么包裹在这里面的就是勤奋。美国钢铁大王安德鲁·卡内基的成功就是一个很好的例证。

安德鲁·卡内基，1835年生于苏格兰，小时候由于家里生活贫困，所以他从很小便开始做工，他做过棉纺厂小工，当过邮电员。他受的教育不多，但他拥有一颗热爱学习的心，依靠个人的勤奋自学成才，并兴办铁路，开采石油，建造钢铁厂，终于成为亿万富翁，成就了一番轰轰烈烈的事业。可以说，卡内基的成功与他的奋发图强，积极进取是不无关系的。

卡内基14岁时，他在匹兹堡市的大卫电报公司找到一个送电报的差事。为了胜任这个工作，在短短一星期内，卡内基由完全不熟悉匹兹堡市区的街道到对这里的任何一个小角落都了如指掌。他每天都提早一小时到公司，打扫完办公室后，他就悄悄跑到电报房学习发电报。他日复一日地坚持着，所以很快就熟练掌握了收发电报的技术。卡内基对工作的勤奋，颇得总经理的赏识。一个月末的一天下午，卡内基被单独留了下来。大卫总经理拍着他的肩膀说："小伙子，你比其他人更努力、更勤快，所以从这个月开始给你单独加薪。"卡内基高兴得差点哭出来。他领了13.5美元，比上个月多出2.25美元。对年仅15岁的贫苦少年来说，这是笔巨款。

电报，作为当时先进的通讯工具，有着极其重要的作用。卡内基每天走街串巷送电报，嘀嘀嗒嗒拍电报的生活，使他很快熟悉了每一家公司的名称和特点，了解了各公司间的经济关系及业务往来。日积月累，他熟读了这无形的商业百科全书，这使他在日后的事业中获益匪浅。

由于聪明勤勉，加上在送信期间苦练出的高超的电报技术，1853年，他被宾夕法尼亚州铁路公司聘为职员，一待就是10年。10年的工作使卡内基学到了丰富的专业知识，尤为重要的是他在工作中掌握了现代化大企业的管理技巧。他24岁就升任该公司的西部管区主任。

随后，卡内基将卧铺车的发明者伍德拉夫引见到宾夕法尼亚铁路公司，建立了一家火车卧铺车厢制造公司，自己通过借贷投资买下该公司1/8的股份。一年之间，这项投资便为卡内基赢得了5000美元的红利，是所投资金的25倍！卡内基抓到了一只会下金蛋的"鸡"，到1863年，年仅28岁的卡内基已是股票投资行业的行家。

在积累了一定的经验资本和货币资本后，卡内基果断辞掉了铁路公司的职务，开始了自己的事业。他创办了匹兹堡铁路公司、火车头制造厂以及铁路制造厂，并开办了炼铁厂，开始涉足钢铁行业。

卡内基分析了当时美国钢铁业的现状，他发现传统钢铁行业的生产过于零散，从采矿、炼铁到制成铁板、铁轨等成品，一个环节就有一个厂家，这样层层地收取利润，使成品的价格大大提高。要想降低成本，只有跳过一个个的中间环节，建立一个囊括整个生产过程的供、产、销一体化的公司，卡内基决心建立这样一个面目全新的现代化钢铁公司。

有了明确的构想，卡内基开始了考察工作。首先，他发现成本低廉的酸性转炉炼钢法已经发明，他特地亲赴英国考察了发明者贝西默在生产中运用该法的实际情况。其次，美国的钢铁市场十分广阔，供不应求。而铁矿在美国极为丰富，密执安大铁矿已进入大规模开采阶段。再次，就财力而言，卡内基已拥有数十万美元的股票及其他财产，他决定改变四处投资的老办法，将资金集中到钢铁事业中来。最令卡内基信心十足的是他在钢铁公司10余年间所掌握的管理大企业的本领。于是，到1873年底，他终于与人合伙创办了卡内基-麦坎德里斯钢铁公司。公司共有资本75万美元。卡内基投资25万美元，是最大的股东。在随后的20多年间，卡内基使自己的财富增加了几十倍。

1881年，卡内基实现了童年的梦想，与弟弟汤姆一起成立了卡内基兄弟公司，其钢铁产量占美国的1/37。1892年，卡内基把卡内基兄弟公司与另两家公司合并，组成了以自己的名字命名的钢铁帝国——卡内基钢铁公司。他终于攀上了自己事业的顶峰，成了名副其实的钢铁大亨。他与洛克菲勒、摩根并立，是当时美国经济界的三大巨头之一。

卡内基的成功关键在于他的勤奋。从他的贫困的家庭背景和艰难的创业过程中，我们看不到他有什么优势，他所拥有的就只有勤奋，勤奋改变了卡内基的命运，实现了他的梦想。

勤奋是梦想的翅膀，在漫漫创业长路中必须为自己的梦想保重自己，必须深知在通向成功的路上，一个人就像船上的领航员，在湍急的旋涡风浪里，要不停修正航向。对勤奋者而言，到处都是路，但是我们应该知道，最关键的时候不能停止前进，等到水退了，就要看清楚，哪儿是浅滩，哪儿是岩石，这一切必须计算到并且及时绕过去。不能懒惰地躺在甲板上晒太阳，等待水位自动降低，大浪自动落下，否则到时搁浅的是梦想，晒干的是我们既定的人生目标。

第三章

做自己命运的主人，
不向逆境低头

自强不息，
奇迹就会出现

阿拉斯加的鲑鱼生活在海里，当鲑鱼性成熟后，却要游到内河淡水小溪中，在那里去完成他们繁衍后代的大任。行程达上千公里，一路上，他们逆流而上，不吃不喝，迎接一个个严峻的挑战，在瀑布或河流落差大的地方，他们必须一次次奋力跳跃，往往伤痕累累，甚至撞死在石头上。同时还要面对早已等候在河口那饥肠辘辘的棕熊，残忍的鲨鱼和海雕等动物的吞食，但他们从不畏惧，更不后退，历尽千辛万苦，千难万险，九死一生，终于到达目的地，完成了他们的使命。这一悲壮旅程，实在让人敬佩，世人倘有如此精神，何事不成？

人在向目标前进的路上，不可能一帆风顺，困难与风险随处可见，甚至险象环生，但无论如何，都要向着自己的目标走下去！

在工作中，不仅要给自己设定目标，同时还要像鲑鱼一样坚忍执着地前行。但是，在实际工作中，常常有人三心二意，半途而废，意志不坚定，这种人，最后多半是一事无成。

鸿雁站立在湖边，看似沉着宁静，心中却怀着远大的目标，而且坚定不移。他们一旦展翅高飞，就会义无反顾，不管路途有多遥远，不管遭遇多大困难，他们都不会偏离航向，一直奋飞，直到到达目的地。

在现实工作中，往往有些人目光短浅，满足于现状，放弃对未来目标的追求。错失很多良机，从而坠入"小富即安"的泥沼，停下了前进的脚步，而那些像鸿雁一样，目标远大的人，总是在不懈的追求中寻找更大的成功。

在哈佛，有这样一位毕业生受到人们的崇敬和佩服。她就是82岁从哈佛毕业的伊丽莎白。

伊丽莎白不是哈佛毕业生中最出色的一位，也并不具有非凡的才能，人们对她的敬佩，不是因为她年纪老迈，而是她勇敢尝试，始终坚持的毅力和决心。

伊丽莎白早在41年前就高中毕业了，之后，她陆续生了4个孩子。后来，她成为哈佛大学健康服务部门的员工。哈佛的学术氛围令她对学习产生了很大的兴趣，她开始尝试在哈佛"蹭课"。

但是在这之后的很多年里，她并没有正式注册当学生，因为她觉得自己没有能力完成哈佛的课程。一度想放弃拿到哈佛学位的念头。

到伊丽莎白73岁时，同事和同学的鼓励让伊丽莎白产生了争取学位的念头。对于其他同年龄的老人来说，安享晚年是最好的选择。而伊丽莎白却不甘心就此放弃自己的理想，她再次鼓起勇气，走入了哈佛的课堂，她给自己制定了"10年目标"，并经常向孩子们许诺，要在83岁之前从哈佛毕业。

在伊丽莎白82岁时，她获得了哈佛文科学士学位，还被颁发了一个表彰其学术成就和品德的奖项。伊丽莎白凭借自己的努力，终于赶在自己的孙女之前获得了本科学历。

在哈佛，伊丽莎白可谓是一位独特的学生。许多教授，都以伊丽莎白的事迹作为案例，鼓舞学生。只要有足够的自信，这个世界上没有"不可能"的事。

自强不息是中华民族生生不息、绵延不绝的伟大民族精神之一。它开始出现于百经之首的《易经·乾卦》："天行健，君子以自强不息。"因此，自强不息是中华民族既古老又年轻的民族精神，是中华民族安身立命的坚强魂魄，更是人们走向成功的精神支柱。

一个人的一生，命运的改变需要靠自己的努力奋斗，靠自己自强不息的追求去实现，天上绝对不会掉下空想的饼来。

成大器者，无一不在苦中浸泡，在劳累中煎熬。一个人只有抱定理想不动摇，立定志向向前闯，才能真正出人头地，走向成功。

渴望改变命运的人千千万万，而真正改变了的却寥寥无几。为什么会如此呢？原因就是大多数人缺乏自强不息的精神。

梅花香自苦寒来，在实现人生志向的过程中，必须培养你对挫折、失败和困苦的承受能力，这是非常重要的，只有具有一种坚忍的承受力，才能在逆境中求胜，才能在困境之中获得新生。

人生无极限，只有敢于挑战艰难的人，敢于向一切"不可能"发起冲锋的人，敢于战胜自我的人，他们才是企业和社会最需要的人。

在工作中对于重任要勇于承接，这是对你最好的磨炼。若有机会应该勇敢挑战不可能，借此累积别人得不到的经验，下一个升职的可能就是你。离开常走的大道，潜入森林，你肯定会发现前所未见的东西。总之，成功的座椅只为勇敢者预定，最成功的人往往就是那些敢冒巨大风险的人。

坚持可以
创造奇迹

哈佛教授告诉学生：成功贵在坚持。只有强大的毅力才会使你成功。成大事不在于力量的大小，而在于你能坚持多久。

"骐骥一跃，不能十步；驽马十驾，功在不舍。"同样，成功的秘诀不在于一蹴而就，而在于你是否能够持之以恒。

成功贵在坚持。只有强大的毅力才会使你成功。成大事不在于力量的大小，而在于你能坚持多久。不要在意那些消极的东西，你可以把精力放在你要做的事情上，坚持做下去，直到成功。

理查德·何塞是从哈佛大学毕业的高才生，但他没有成为哪个大企业的骨干、某个科研项目的专家，而是成为一个出类拔萃的油漆匠。

理查德的父亲是从墨西哥偷渡过来的老一辈非法移民，凭着一手好油漆活，在洛杉矶站住了脚。在一次大赦之后，这位老油漆匠拿到了绿卡，成了美国公民。

从小聪明又懂事的理查德经常在放学以后就帮助爸爸干油漆活。几年下来，理查德的手艺大有长进不说，而且有些方面还大有创新，连老爸都有点自叹不如。

理查德在学校的成绩总是在全年级前三名，并且社区服务的记录也是全校最荣耀的，还获得过全美中学生美术展油画铜奖，这就使得他轻而易举地考入了哈佛大学。

理查德在哈佛求学的过程中，成绩在班上总是名列前茅。但理查德每次给父亲写信，都要对星期天无法做油漆活而大发牢骚。或者，就是盼着早点放假，回家来摆弄油漆。4年很快过去了，理查德虽然成绩优秀，但坚持不读研究生院，而是在洛杉矶找到一份薪水很高而且非常体面的工作。

工作半年多，理查德的表现相当出色，但他心里总是不忘油漆活。有一次，公司的老板因为理查德工作优秀，就问他对公司有哪些看法。理查德说，公司把有些部件拿到外面去油漆不仅成本很高，而且质量也不理想，如果公司成立油漆部，就会很好地解决这个问题。老板笑着说："这谈何容易？买设备倒是小事，招聘优秀的油漆技师可不是一件容易的事情。"理查德说："用不着担心了，你面前就有一个。"于是，理查德把自己的经历同老板说了个明白，并且，还把招一些年轻人由他亲自培训的构想和老板进行了沟通。老板当即决定，成立油漆部，由理查德任经理兼技师。

家人在知道理查德担任油漆部经理后，一再规劝理查德三思而后行，但理查德坚持走自己的路。经过几年的努力，这个油漆部的工作非常出色，后来成了白宫的指定加工商。

不管是艺术上的成功，还是其他任何事业上的成功，都与坚持分不开。拿体育运动中的长跑来打个比方，能够首先跑到终点的，必是在整个长跑过程中都坚持竭尽全力的人，因为他们始终没有放弃机会。

运动如此，生活更是如此，要战胜各种困难和磨难，这不仅需要智慧，更需要永不放弃的精神。

美国销售员协会曾经进行过一项调查，结果表明：48%的推销员找过一个人之后，就不干了；25%的推销员找过两个人之后，就不干了；15%的推销员找过三个人之后就不干了；12%的推销员找过三个人还坚持继续干下去（80%的生意就是由这12%的推销员做成的）。一个人克服一点困难并不难，难的是持之以恒地做下去，直到最后成功。

人生的成败，往往在于意志力的强弱。具有坚强意志力的人，遇到任何艰难险阻，都能克服。但意志力薄弱的人，一遇到挫折，便犹豫思退，最终归于失败。实际生活中有许多年轻人，他们很希望上进，但是意志力薄弱，没有破釜沉舟的信念，一遇挫折，立即后退，所以终遭失败。实际上，一旦下了决心，不留后路，竭尽全力，向前进取，那么即使遇到困难，也会成功。

坚持并不是一件容易的事。你的想法和做法常常得不到别人的支持，许多人会对你冷嘲热讽，更多的人还要对你横加指责。事实上，无论你做什么事情都会有反对派存在，不要试图去做一件人人都赞成的事情，更不要想改变他人的看法。你该做的只有一件事：选择。选择支持你想法的人，选择适合你发展的环境，选择最适合你的事情。对于批评或嘲讽，就像古老的箴言所说：离开一幢房子的时候，倒干净鞋里的沙。只有当我们在意批评和嘲讽的时候，他们才能够伤害我们。

人的一生又何尝不是如此？所以我们不论做什么事情，都应该坚持。只有如此，在你到暮年的时候，细细回想起来，才会觉得没有虚度曾经美好的年华，才会觉得自己的整个生命是有价值的。

[跌倒了，就再爬起来]

众所周知，哈佛大学诞生了8位美国总统，约翰·肯尼迪就是其中的一位。这位美国第35任总统为美利坚合众国的发展做出了杰出的贡献，他的诸多事迹，在哈佛大学的课堂上广为流传。

哈佛学子约翰·菲茨杰拉德·肯尼迪，是美国第35任总统（1961—1963）。美国历史上第一位在20世纪出生的总统。肯尼迪出生于美国马萨诸塞州布鲁克林市，于1936年秋季登记入哈佛大学念书。在哈佛期间，他两次去欧洲旅行，第二次去的是英国，当时他的父亲正任美国驻英国大使。1940年6月哈佛毕业。

父亲非常注重对儿子的培养，如经常带着他参加一些大的社交活动，教他如何向客人打招呼、道别，与不同身份的客人应该怎样交谈，如何展示自己的精神风貌、气质和风度，如何坚定自己的信仰等。有人问他："你每天要做的事情那么多，怎么有耐心教孩子做这些鸡毛蒜皮的小事？"

谁料约翰·肯尼迪的父亲一语惊人："我是在训练他做总统。"

但世上总有一种人，总是存在极强的依赖心理，习惯依靠拐杖走路，尤其是依靠别人的拐杖走路。

力量是每一个志存高远者的目标，而依靠他人只会导致懦弱。力量是自发的，不依赖于他人。坐在健身房里让别人替我们练习，是无法增强自己肌肉的力量的。没有什么比依靠他人更能破坏独立自主精神的了。如果你依靠他人，你将永远坚强不起来，也不会有独创力。要么抛开身边的"拐杖"独立自主，要么埋葬雄心壮志，一辈子老老实实做个普通人。

生活中最大的危险，就是依赖他人来保障自己。"让你依赖，让你靠"，就如同伊甸园的蛇，总在你准备赤膊努力一番时引诱你。它会对你说："不用了，你根本不需要。看看，这么多的金钱，这么多好玩、好吃的东西，你享受都来不及呢……"这些话，足以抹杀一个人前进的雄心和勇气，阻止一个人利用自身的资本去换取成功的快乐，让你日复一日原地踏步，止水一般停滞不前，以至于你到了垂暮之年，终日为一生无所作为而悔恨不已。

而且，这种错误的心理，还会剥夺一个人本身具有的独立的权利，使其依赖成性，靠拐杖而不想自己一个人走；有依赖，就不会想独立，其结果是给自己的未来挖下失败的陷阱。

雨果曾经写道："我宁愿靠自己的力量打开我的前途，而不愿求有力者的垂青。"只要一个人是活着的，他的前途就永远取决于自己，成功与失败，都只系于他自己身上。而依赖作为对生命的一种束缚，是一种寄生状态。英国历史学家弗劳德说："一棵树如果要结出果实，必须先在土壤里扎下根。同样，一个人首先需要学会依靠自己、尊重自己，不接受他人的施舍，不等待命运的馈赠。只有在这样的基础上，才可能做出成就。"将希望寄托于他人的帮助，便会形成惰性，失去独立思考和行动的能力；将希望寄托于某种强大的外力上，意志力就会被无情地吞噬掉。

为了训练小狮子的自强自立，母狮子总是故意将它推到深谷，使其在困境中挣扎求生。在残酷的现实面前，小狮子挣扎着一步一步从深谷之中走了出来。它体会到了"不依靠别人，只能凭借自己的力量前进"，它逐渐成熟了。

真实人生的风风雨雨，只有靠自己去体会、去感受，任何人都不能为你提供永远的荫庇。你应该掌握前进的方向，把握住目标，让目标似灯塔般在高远处闪光；你应该独立思考，有自己的主见，懂得自己解决问题。你不应相信有什么救世主，不该信奉什么神仙或皇帝，你的品格、你的作为，你所有的一切都是你自己行为的产物，并不能靠其他什么东西来改变。

你就是主宰一切的神灵，一个人，即使驾着的是一匹羸弱的老马，但只要马缰掌握在你的手中，你就不会陷入人生的泥潭。人只有依靠自己，才能自视配得上最高贵的东西。

抛开拐杖，自立自强，这是所有成功者的做法。其实，当一个人感到所有外部的帮助都已被切断之后，他就会尽最大的努力，以最坚忍不拔的毅力去奋斗，而结果，他会发现：自己可以主宰自己的命运。

要时刻相信自己是最优秀的人

哈佛大学舞蹈教授玛瑞莉·兰特是学校公认的最美丽的人。她时常被问到"美丽"的秘诀。她说："女人的美丽，不仅仅是外表，更重要的是来自内心的自信。只有自信的女人才美丽，如果缺少自信，美丽的外表也只是一层薄纸，吹弹可破。"

由此可见，自信对于人生的重要性。现实中，但凡成功的人，无不拥有自信，灰心丧气的人永远都不会成功！自信是成功的阶梯，唯有自信，才能取得一个又一个成功。

被人们称为"全球第一CEO"的美国通用电气公司前首席执行宫杰克·韦尔奇曾有句名言："所有的管理都是围绕'自信'展开的。"凭着这种自信，在担任通用电气公司首席执行官的20年中，韦尔奇显示了非凡的领导才能。韦尔奇的自信，与他所受家庭教育是分不开的。韦尔奇的母亲对儿子的关心主要体现在培养他的自信心上。因为她懂得，有自信，然后才能有一切。

韦尔奇从小就患有口吃症。说话口齿不清，因此经常闹笑话。韦尔奇的母亲想方设法将儿子这个缺陷转变为一种激励。她常对韦尔奇说："这是因为你太聪明，没有任何一个人的舌头可以跟得上你这样聪明的脑袋。"于是从小到大，韦尔奇从未对自己的口吃有过丝毫的忧虑。因为他从心底相信母亲的话：他的大脑比别人的舌头转得快。在母亲的鼓励下，口吃的毛病并没有阻碍韦尔奇学业与事业的发展。而且注意到他这个弱点的人大都对他产生了某种敬意，因为他竟能克服这个缺陷，在商界出类拔萃。美国全国广播公司新闻部总裁迈克尔就对韦尔奇十分敬佩，他甚至开玩笑说："杰克真有力量，真有效率，我恨不得自己也口吃。"

韦尔奇的个子不高，却从小酷爱体育运动。读小学的时候，他想报名参加校篮球队，当他把这想法告诉母亲时，母亲便鼓励他说："你想做什么就尽管去做好了，你一定会成功的！"于是，韦尔奇参加了篮球队。当时，他的个头几乎只有其他队员的四分之三。然而，由于充满自信，韦尔奇对此始终都没有丝毫的觉察，以至几十年后，当他翻看自己青少年时代在运动队与其他队友的合影时，才惊奇地发现自己几乎一直是整个球队中最矮的一个。

青少年时代在学校运动队的经历对韦尔奇的成长很重要。他认为自己的才能是在球场上训练出来的。他说："我们所经历的一切都会成为我们信心建立的基石。"在整个学生时代，韦尔奇的母亲始终都是他最热情的啦啦队长。

在培养儿子自信心的同时，她还告诉韦尔奇，人生是一次没有终点的奋斗历程，你要充满自信，无须对成败过于在意。

每个向往成功、不敢沉沦的人，都应该牢记这句至理明言："最优秀的就是你自己！"这正是伟大的学者苏格拉底临终时留给后人的重要遗言。

自信会产生奇迹，古往今来，每一个伟大的人物在其生活和事业的旅途中，无不是以坚强的自信为先导。拿破仑曾说："在我的字典中，没有不可能。"这是何等豪迈的自信。

现在我们有的人遇到一点小事，就说"不可能""我不会"。那么今天我想对大家说，今后不要再说此类话。你可以暗示说："我不是不可能，只是暂时没有找到方法。"只有相信自己，才能激发进取的勇气。

一个人不管你干什么，如果对自己没有信心，甚至产生怀疑，那结果绝对好不了。只有我们努力制止潜意识中缺乏自信时的怀疑态度，把精力集中在眼前发生的事情上，才能排除阴暗的心理，才能创造出奇迹。

如果你认为自己有的全是缺点和瑕疵，如果你自认为是一个笨拙的人，是一个总是面临不幸的人，如果你承认你绝不能取得其他人所能取得的成就，那么，你将除了遵照你不断强调的这种认识而行动外，你还能希望、期待什么呢？

自我贬低，只能给自己找退缩的借口，而不是鼓起勇气向前进取。自我贬低的人正是心中缺乏自信的典型表现。

每个人的一生，都会遇到无数的困难、障碍，只要拥有真正的自信，你就能够勇敢地、积极地面对这些困难和障碍，并用自己的智慧和勇气战胜他们，最终到达成功的彼岸。

丧失信心就等于放弃自己

成功，是每个人所追求的目标，但在取得成功的过程中，总会有大大小小的挫折来考验我们。

当难题一出现，有的人经不起考验，就沮丧了，放弃了。但有些人坚定不移，咬紧牙关奋斗到成功。是什么，让他们坚持到底？是信心。有信心的人知道：柳暗花明又一村；有信心的人知道：天无绝人之路。

是的，信心，就是成功的动力！

那么，信心是什么？信心是对生活充满乐观和进取的信念；信心是有克服生活上、工作中遇到的困难的决心和勇气，是任何情况下都不动摇，并努力为之奋斗的动力源泉。信心使人有了无穷的力量，信心是一种永不服输的精神。有信心的人往往有超出一般人的作为；凡是伟人必然都充满着对人生的信心。信心虽然不一定使人成就伟人的业绩，但它最起码可以使你成为一位出色的普通人。

在许多成功者的身上，我们都可以看到超凡的信心所起到的巨大作用。这些事业取得成功的人，在信心的驱动下，敢于对自己提出更高的要求，并在失败的时候看到希望，最终获得成功。在通往成功的路上，信心是你必不可少的工具，它可以帮助你走过一条条不平坦的道路，它可以帮助你铲除前进道路上的荆棘。

哈佛的老教授们经常提醒学生：人必须活在希望之中，而这种希望和光明是自己为自己设置的。如果心中一片黑暗，那你的生活也不会有光明。

从前，有一老一小两个相依为命的盲人，每日靠弹琴卖艺维持生活。一天，老盲人终于支撑不住，病倒了。他自知不久将离开人世，便把小盲人叫到床头，紧紧拉着小盲人的手，吃力地说："孩子，我这里有个秘方，这个秘方可以使你重见光明。我把它藏在琴里面了，但你千万记住，你必须在弹断第一千根弦的时候才能把它取出来。否则，你是不会重见光明的。"小盲人流着眼泪答应了师父，老盲人含笑离去。

一天又一天，一年又一年，小盲人将师父的遗言铭记在心，不停地弹啊弹，将一根根弹断的琴弦收藏着。当弹断第一千根琴弦的时候，他已到垂暮之年，变成一位饱经沧桑的老者。他按捺不住内心的喜悦，双手颤抖着，慢慢地打开琴盒，取出秘方。然而，别人告诉他，那是一张白纸，上面什么都没有。泪水滴落在纸上，他笑了。

很显然，老盲人骗了小盲人。但这个过去的小盲人，如今的老盲人，拿着一张什么都没有的白纸，为什么反倒笑了？因为就在他拿出"秘方"的那一瞬间，突然明白了师父的用心。虽然是一张白纸，但是他从小到老弹断一千根琴弦后，却悟到了这无字秘方的真谛——在希望中活着，才会看到光明。

他的确如当年的老盲人所期待的那样重见了"光明"。但是他所看到的并不是光明的世界，而是自己几十年来，被光明照得通亮的内心。人生在世，眼前的光明并不重要，重要的是心。正如台湾著名散文家林清玄所说："你的心如宇宙，就看见了世界；你的心如镜子，就只照了自我。"

所以，其实小盲人能否看得到并不重要，重要的是在他的心里，老盲人早已为小盲人点燃了一盏心灯。

现实中，很多人抱怨生活中缺少或没有光明，这是因为缺少或没有希望。无论多么艰难，只要活在希望中，就会看到光明，这光明也将伴随我们的一生。希望是生活的灯塔，没有希望的人生就如同在黑暗中行进。希望具有鼓舞人心的创造性力量，它激励人们去尽力完成自己的事业。希望可以增强人们的才智，使梦幻变成现实。

无数成功者的事实启示我们：事业成功固然有种种因素，但信心是必不可缺的条件。如果失去了信心，将导致事业失败。

由此可见，信心是成功的基石。一个有信心的人善于自我发掘，正确认识自己的强项和弱点，并且能够利用自己的优势面对环境。人生从来没有什么局限，无论男人或女人，每个人内心都有一个沉睡的巨人。信心，就是要为自己鼓掌加油。信心，就是勇敢地面对失败，百折不挠。信心，就是要发挥自己的长处，在人生的旅途上不断闪光。信心，就是信任自己，对自身发展充满希望。

自己
为自己着色

失败和成功只是一墙之隔。成功不是遥不可及的，重要的是如何抓住成功的机会，哪怕是很渺茫的机会，只要向前多走一步，成功就会属于你。这就需要你战胜自己的懦弱和平庸的心态。职场中，在应该打出自己"招牌"的时候就要勇敢地站出来，展现自己的能力，多走一小步，成功就会出现在眼前。

玫琳凯在美国可谓家喻户晓，她的成功案例更是哈佛学子案头必备的研究材料，然而在创业之初，她经历过失败，也走了不少弯路。但她从来不灰心、不泄气，最后终于成为大器晚成的化妆品行业的"皇后"。

20世纪60年代初期，玫琳凯已经退休回家。寂寞的退休生活使她决定进行一次冒险。经过一番思考，她把一辈子积攒下来的5000美元全部作为资本，决定创办玫琳凯化妆品公司。

为了母亲能够实现她"狂热"的理想，两个儿子也开始支持她，一个辞去一家月薪480美元的人寿保险公司代理商的工作，另一个辞去了在休斯敦月薪750美元的职务，他们加入到母亲创办的公司中，宁愿只拿250美元的月薪。玫琳凯知道，这是在进行一次人生中的大冒险，如果失败的话，不仅自己一辈子辛辛苦苦的积蓄将血本无归，而且还可能毁掉两个儿子的美好前程。

在创建公司后的第一次展销会上，她隆重推出了一系列功效奇特的护肤品，按照最初的想法，这次活动会引起轰动，一举成功。可是，结果却截然相反，整个展销会下来，她的公司只卖出去25美元的护肤品。

在残酷的事实面前，玫琳凯不禁失声痛哭，哭过之后，她反复地问自己："玫琳凯，你究竟错在哪里？"

经过认真分析，她终于悟出了一点：在展销会上，她的公司从来没有主动请别人来订货，也没有向外发订单，而是希望女人们自己上门来买东西……难怪展销会的结果让人大失所望。

玫琳凯擦干了眼泪，从第一次失败中站了起来，她在抓生产管理的同时，加强了销售队伍的建设……

经过20年的苦心经营，玫琳凯化妆品公司由最初创建时的9名雇员发展到现在的5000人；这个家庭公司也发展成了一个国际性的公司，拥有一支20万人的推销队伍，年销售额超过3亿美元。

玫琳凯终于实现了自己的梦想。已经步入晚年的玫琳凯能创造出如此的奇迹，并不是上天的怜悯，而是她面对挫折时，永不服输的精神。

失败很常见，但失败之后，不偃旗息鼓，不被困难击倒，不向命运屈服，那么你的人生路上定会绽放无数的成功之花。

失败和挫折是一个人人格的试金石，在一个人输得只剩下生命时，潜在心灵的力量还有几何？没有勇气、没有拼搏精神、自认挫败的人的答案是零。只有无所畏惧，一往无前，坚持不懈的人，才会在失败中崛起，奏响人生的乐章。

真正的伟人，面对种种失败，从不介意，所谓"不以物喜，不以己悲"，无论遇到多么大的失望，绝不失去镇静，只有他们才能获得最后的胜利。

生活是这样，职场也是这样。在职场中，不管是风平浪静还是暗流涌动，要想取得成功，就要敢于和能够为自己站出来争取机会，想办法让老板知道自己能做什么，并且做了什么，要让自己的价值和劳动付出得到最公正的对待。职场上本来就是卧虎藏龙的，你不站出来表现自己，谁会知道你是龙还是虎呢！

职场需要的不是无名英雄，需要的是轰轰烈烈的战将，含而不露并非是真的英雄，而是自己对自己能力和价值的亵渎和不尊重，更是一种对自己和对领导极不负责任的表现。因此，要成功，就要展开自己生命的画卷，自己给自己着色，而不要等待，更不要依赖别人。

你离成功
只有一步之遥

哈佛大学著名的心理学教授詹姆斯·威尔先生曾经对一个求索多年都没有成功的学生说："不要急，或者你离成功只有一步之遥了。但是，如果你灰心丧志，那么成功就会离你更加远了。"

有一位熨衣工人，住在拖车房屋中，周薪只有60元。他的妻子上夜班，不过即使夫妻俩都工作，赚到的钱也只能勉强糊口。他们的婴儿耳朵发炎，他们只好连电话也拆掉，好省下钱去买抗生素为孩子治病。

这位工人一直有一个梦想：希望哪一天能成为作家，于是，夜间和周末，他都在抓紧时间不停地写作。打字机的噼啪声不绝于耳。他的余钱也全部用来付邮费了，寄原稿给出版商和经纪人，可是他的作品全给退回了。退稿信很简短，非常公式化，他甚至不敢确定出版商和经纪人究竟有没有真的看过他的作品。

一日，他收到出版公司老板皮尔·汤姆森的一封热诚亲切的回信，说原稿的瑕疵太多。不过汤姆森相信他有成为作家的希望，并鼓励他再试试。

在此后的18个月里，他又给出版公司寄去两份原稿，但都被退回了。他开始试写第四部小说，不过，因为生活逼人，经济上左支右绌，他开始放弃梦想。

在一天的夜里，他把原稿扔进垃圾桶。第二天，他妻子把它捡回来。"你不应该中途而废，"她告诉他，"特别在你快要成功的时候，千万不要放弃最后的希望，永不放弃，才会成功！"

他瞪着那些稿纸发愣，也许他已不再相信自己，但他妻子却相信他会成功。一位他从未见过面的纽约编辑也相信他会成功。所以他也没有理由放弃，依然坚持写作。

他写完了之后，便把小说寄给汤姆森，他以为这次又会失败。可是他想错了，汤姆森的出版公司预付了2500美元给他，于是，史蒂芬·金的经典恐怖小说《嘉莉》诞生了。这本小说后来销了500万册，并摄制成电影，成为1976年美国最卖座的电影之一。

成功有时候犹如一位性格乖张、脾气捉摸不透的老人，但只要你具有锲而不舍的勇气和耐心及永不言败的精神和智慧，你就能最大程度地博取他人的青睐，取得人生的成功。

有一个农场主在巡视他的谷仓时，一不小心把自己的金表掉在了谷仓里，于是他就在农场门口贴了一张告示：如果谁能帮我找到金表，将得到一百美金的奖励。告示贴出去以后，许多人都来到谷仓，寻找这块金表。可是谷仓里的谷物太多了，要想找到这块金表真是太难了。几百个人在这个偌大的谷仓里找了一整天，还是没有找到。等到太阳快落山的时候，除了一个小男孩，所有人都失望地离开了谷仓，因为他们已经完全失去了信心，都放弃了一百美元的希望。只有那个小男孩，穿着一件破衣服，在大家都离开以后，仍不死心地努力寻找着。天越来越黑了，小男孩仍在寻找着，突然，在喧闹声静下来以后，他听到一个很清晰的声音在"嘀嗒，嘀嗒"地响着。小男孩停了下来，谷仓里更加寂静，"嘀嗒"的声音也听得更清晰了。于是，小男孩循着声音找到了那只金表，最终获得了那一百美元的奖励。

人生在世，绝不可能事事如意。遇见了失望的事情，你不必灰心丧气。你应当下个决心，想法子争回这口气才对。

成功的法则很简单，那就是永不放弃，在挫折中，要勇敢地站起来。虽然这个法则很简单，可是在现实社会中有多少人能做到呢？原因是：大多数人认为这些法则太简单，不屑于坚持去做，不执着追求，所以他们不会成功。其实，成功就好像谷仓内的金表，早已存在我们身边，散布于人生的每个角落，只要执着地寻找，我们就会听到它那清晰的"嘀嗒"声。所以，无论你从事什么工作，都要懂得：确定目标，执着地去做。在挫折中依然能够勇敢地站起来，那么就一定能到达成功的彼岸。

永远进取，
不让生命黯淡无光

成功的人生就是一个不断进取的过程。人如果没有进取心，就只能庸碌一生，黯淡无光。

不断进取是达到人生目标必不可少的条件。在人生追求的道路上，到处充满了挫折和困难，只有坚如磐石的决心，才能够提供源源不断的动力，才可以冲破人生路上的荆棘丛林，从而走向胜利，走向成功。

对于那些成功的人来说，他们所遇到的困难是常人难以想象的，他们如果停止下来，不再工作，那是有充足理由的。然而他们坚持了下来，并且出色地完成了任务。

成功的人并不一定具有超常的智能，命运之神也不会给予他们特殊的照顾。相反，几乎所有成功的人都经历过坎坷、命运多舛，他们是在逆境中奋然前行的。

在哈佛大学肯尼迪学院，德国总理施罗德不断进取的人生经历正被作为激励哈佛学子的楷模在广泛传播。

1944年4月7日，施罗德出生在德国下萨克森州的一个贫民家庭，他出生后第三天，父亲就战死在罗马尼亚。母亲当清洁工，带着他们姐弟二人，一家三口相依为命。

生活的艰难使母亲欠下许多债。一天，债主逼上门来，母亲抱头痛哭。年幼的施罗德拍着母亲的肩膀安慰她说："别伤心，妈妈，总有一天我会开着奔驰车来接你的！"40年后，终于等到了这一天。施罗德担任了下萨克森州州长，开着奔驰车把母亲接到一家大饭店，为老人家庆祝80岁生日。

1950年，施罗德上学了。因交不起学费，初中毕业他就到一家零售店当了学徒。贫穷带来的被轻视和瞧不起，使他立志要改变自己的人生："我一定要从这里走出去。"他想学习，他在寻找机会。1962年，他辞去了店员之职，到一家夜校学习。他一边学习，一边到建筑工地当清洁工。不仅收入有所增加，而且圆了他的上学梦。

4年夜校结业后，1966年他进入了哥廷根大学夜校学习法律，圆了上大学的梦。

毕业之后，他当了律师。32岁时，他当上了汉诺威霍尔律师事务所的合伙人。回顾自己的经历，他说，每个人都要通过自己的勤奋努力，而不是通过父母的金钱来使自己接受教育。这对个人的成长至关重要。

通过对法律的研究，他对政治产生了兴趣。他积极参加政党的集会，最终加入了社会民主党。此后，他逐渐崭露头角、步步提升。1969年，他担任哥廷根地区的主席，1971年得到政界的肯定，1980年当选议员。1990年他当选为下萨克森州州长，并于1994年、1998年两次连任。政坛得志，没有使他放弃做政治家的雄心。1998年10月，他走进了德国总理府。

是什么力量能够不断地激励施罗德，朝着自己的目标前进？这个推动力就是：进取心。

进取心是神秘的宇宙力量在人身上的体现，这种动力并不是纯粹的人为力量能创造的。为了获得这种力量，我们甚至愿意放弃舒适乃至牺牲自我，我们都需要这种激励，它是我们人生的支柱。

一旦我们有幸受这种伟大推动力的引导和驱使，我们就会成长、开花、结果。进取心带来的激励也存在于我们体内，它推动我们完善自我，追求完美的人生。但如果我们无视这种力量的存在，或者只是偶尔接受这种力量的引导，我们就只能使自己变得微不足道，不会取得任何成果。并且，这种向上的愿望，这种至高无上的力量，也有可能会消失。一旦染上了懒惰的习性，我们就会停滞不前。

总是有一种神秘的力量在推动我们追求更高的理想。人类的发展就像一条永无尽头的河流。进取心，这种内在的推动力从不允许我们停下来，它总是激励我们为了更加美好的明天而努力。我们今天所达到的境地也许足以令人羡慕，但是我们却发现，我们今日的位置和昨日的位置一样，无法让自己完全满足。一旦我们想原地踏步时，我们的耳边就会响起一个声音，召唤我们向更高目标努力。

一旦养成不断自我激励、始终向着更高目标前进的习惯，我们身上的很多不良习性就都会逐渐消失。进取心最终会成为一种伟大的自我激励力量，它会使我们的人生更加崇高。自此以后，那些不良的恶习就再也没有滋生的环境和土壤了。在一个人的个性品质中，只有那些经常受到鼓励和培育的品质才会不断发展。因此，根除这些不良品质的最佳方式就是铲除他们赖以生存的土壤。

如果我们的身体和精神土壤得不到足够的照料和滋养，那么追求上进和完美的种子就无法生长，反而会使野草、荆棘和有毒的东西繁殖蔓延。只要我们心中具备哪怕只是最微弱的进取心，它也会像天堂里的一颗种子，经过我们耐心的培育和扶植，就会茁壮成长，直至开花、结果。

面对困境，永不绝望

哈佛大学教授在课堂上告诉学生：面对人生困境，我们不能怨天尤人、自暴自弃，唯有在心头点燃一根承载希望的火柴，并义无反顾地走下去！

老教授和他的两个学生准备进溶洞考察。溶洞在当地人们的眼里是一个"魔洞"，曾经有胆大的人进去过，但却一去不复返。

随身携带的计时器显示着，他们在漆黑的溶洞里走过了14个小时，这时一个有半个足球场大小的水晶岩洞呈现在他们的面前。他们兴奋地奔了过去，尽情欣赏、抚摸着那迷人的水晶。待激动的心情平静下来之后，其中那个负责画路标的学生忽然惊叫道："刚才我忘记刻箭头了！"他们再仔细看时，四周竟有上百个大小各异的洞口。那些洞口就像迷宫一样，洞洞相连，他们转了很久，始终没能找到出口。

老教授在众多洞口前默默地搜寻着，突然他惊喜地喊道："在这儿有一个标志！"他们决定顺着标志的方向走，老教授走在前面。

终于，他们的眼睛被强烈的太阳光刺疼了，这就意味着他们已经走出了"魔洞"。那两个学生竟像孩子似的，掩面哭泣起来，他们对老教授说："如果没有那位前人留下的标志……"而老教授缓缓地从衣兜里掏出一块被磨去半截的石灰石递到他俩面前，意味深长地说："那些标志都是我画的。在没有退路可言的时候，我们唯有相信自己。"

人生充满了一次次神秘的探险，也要面对很多"魔洞"，当置身魔洞深处，找不到退路时，我们不能绝望，要相信自己能够走出去。只要你坚信成功就在你面前，你就一定会获得成功。

面对人生的"魔洞"，我们不能绝望。成功最大的克星就是绝望，被克服的困难就是胜利的契机。罗曼·罗兰曾经说："痛苦像一把犁，它一面犁碎了你的心，一面掘开了生命的起点。"要想自己成为一个有所作为的人，就要有永不绝望的信念，人总是在挫折中学习，在苦难中成长，让我们记住这句话：雄鹰的展翅高飞，是离不开最初的跌跌撞撞的。

因此，当你身陷绝境，也一定不要绝望，要努力抗争。对于身患癌症或生命垂危的病人来说，那些受到高度鼓舞和满怀希望的患者，往往比绝望的患者更容易康复而且活得时间更长些。

有人做过这样一个实验——有两只老鼠，操作者用手抓紧一只老鼠，不管老鼠如何挣扎都不让它逃脱。经过一段长时间的挣扎之后，老鼠终于不再反抗，几乎一动不动，然后把这只老鼠放进一个温水槽里，它立刻沉底，甚至根本没有试图求生。它死了。操作者又把另一只老鼠直接放入温水槽中，老鼠很快就游向了安全的地方。

经验反复告诉我们：面对困境的时候，千万不要绝望。因为绝望，就会放弃努力。而放弃努力，就不可能再找到战胜困难的办法。唯有满怀信心、努力争取的人，才能做得更好，才能攀上胜利的巅峰，才会永远站在灿烂的阳光下！

生活中，每个人都有自己人生的最高理想。但是，只有少数的人成功地步入自己的理想领域。由此可见，大多数人缺少的便是这样永不绝望的信念。我们必须承认，生活中的挫折有时的确令人胆战心惊。但可以这样说，挫折压倒的，只是人的躯壳，而它万万压不倒人们"永不绝望"的信念。

实际上，即使是创造了丰功伟绩的人，也不敢说自己没有失败过。正因为有过无数次的失败，才会得到更多的经验；只有经过无数次的教训之后，才能够使自己成熟起来。假如你不敢正视失败，你就永远不会进步。假如你在失败面前强调客观原因，抱怨他人，你只会使自己一再地处于失败和不行的旋涡之中。

那么，你可以尝试着这样做：把先前遇到的所有挫折、失败全当过眼烟云，不必在意，也许下一步你会走得更轻松，更舒坦。当挫折临近时，可自如地展望前方，心中默念"永不绝望"。如果你将这四个字，作为你的座右铭，成功定会接踵而至。

朋友，请你始终坚信，一切的希望都在向你招手，所有的成功都在向你迈进，我们的人生永不绝望。

对自己说
不要紧

人的一生，就像是一次旅行，沿途中既有数不清的坎坷泥泞，也有看不完的风景。我们既能享受阳光、快乐、幸福……也要面对黑暗、绝望、忧愁……

在我们面对人生的美丽时，我们都能微笑迎接，可是当我们面对人生那些不可避免的哀愁时，我们会有什么样的反应呢？

一天，哈佛一位老教授在爱米莉的班上说："我有句三字箴言要奉送给各位，它对你们的学习和生活都会大有帮助，而且可使人心境平和，这三个字就是'不要紧'。"

爱米莉领会到了这句三字箴言所蕴含的智慧，于是便在笔记本上端端正正地写下了"不要紧"三个大字。她决定不让挫折感和失望破坏自己平和的心境。

后来，她的心态遭到了考验。她爱上了英俊潇洒的凯文，爱米莉确信他是自己的白马王子。可是有一天晚上，凯文却婉转地告诉爱米莉，他只把她当作普通朋友。爱米莉以他为中心构建的世界顿时就土崩瓦解了。那天夜里爱米莉在卧室里哭泣，发觉笔记本上"不要紧"那三个字是多么荒唐。"要紧得很，"她喃喃地说，"我爱他，没有他我就不能活下去。"

但第二天早上，爱米莉醒来再看到那三个字后，开始分析自己的状况：到底有多要紧？凯文很要紧，自己很要紧，我们的快乐也很要紧。但自己会希望和一个不爱自己的人结婚吗？

日子一天天过去了，爱米莉发现没有凯文，自己也可以生活。爱米莉觉得自己仍然能快乐，将来肯定会有另一个人进入自己的生活，即使没有，她也仍然能快乐。

几年后，一个更适合爱米莉的人真的来了。在兴奋地筹备婚礼时，她把"不要紧"这三个字抛到九霄云外了。她认为不再需要这三个字了，她觉得以后将永远快乐，她的生命中不会再有挫折和失望了。

然而，有一天，丈夫和爱米莉却得到了一个坏消息：他们用来投资做生意的所有的钱全部赔掉了。

丈夫把这个坏消息告诉爱米莉之后，她感到一阵凄楚，胃像扭作一团似的难受。爱米莉又想起那句三字箴言："不要紧。"她心里想："真的，这一次可是真的要紧了！"

然而就在这时候，小儿子用力敲打积木的声音转移了爱米莉的注意力。儿子看见妈妈看着他，就停止了敲击，对她笑着，那副笑容真是无价之宝。爱米莉的视线越过儿子的头，望着窗外，在院子外边，爱米莉看到了生机盎然的花园和晴朗的天空。她觉得自己的胃顿时舒展了，心情也平静了。于是她对丈夫说："一切都会好起来的，损失的只是金钱，'不要紧'的。"

乐观地面对生命的一切，永远积极地生活，这就是爱米莉的做事原则和人生态度。

其实，生活中的问题、压力、冲突和挫折无处不在，常常困扰和左右人们的情绪，但我们要学会为自己解压，轻松面对。人生中，一时的困境并不意味着你的整个人生都是灰暗的，只要你永远保持乐观积极的心态，笑迎人生的一切，那么风雨过后，你一定能见到绚丽的彩虹。

所以，面对人生阴暗时，如果我们的一颗心总是被忧愁、沮丧所覆盖，干涸了心泉、黯淡了目光、失去了生机、丧失了斗志，我们的人生轨迹岂能美好？而我们又岂能成就大事？

永远不要指望靠别人的同情与帮助来获得成功。就现实的情形而言，悲观失望者一时的呻吟和哀号，虽然能得到短暂的同情与怜悯，但最终的结果只会是别人的鄙视和厌烦。

假如我们能始终保持一种健康向上的心态，乐观地看待眼前发生的一切，那么，即使我们身处逆境、四面楚歌，也一定会有"山重水复疑无路，柳暗花明又一村"的那一天。

在人生的道路上，既有阳光也有风雨，一个人要想赢得人生，就不能总把自己停留在那些消极的东西上，那只会使人沮丧自卑、徒增烦恼，让人生被生活的阴影遮蔽它该有的光辉。

勇气是
决胜的关键

　　哈佛成功金言有这样一句话：勇气只是多跨一步，超越恐惧。勇气是我们每个人在生活的每个时刻，必须依靠的重要力量。而这份力量，既来自直面死亡之后的了悟与从容，更养成于生活点滴中的锻炼与修养。简言之，勇气既非鲁莽的匹夫之勇，亦非高调的精神英雄，它是我们自身成长的内在力量，也是我们在成长中所能给予自身的最坚强的守护。

　　有位哲人说，人生最精彩的章节，并不是你在哪一天拥有了多少金钱，也不是你在哪一刻获得了美妙的爱情，而是你在某一关键的瞬间，咬紧牙关战胜了自我。勇于向"不可能完成"的任务挑战，是一个人事业成功的基础。西方有句名言：一个人的思想决定一个人的命运。如果你想摆脱平庸的工作状态，拥有精彩卓越的人生，就应当摆脱心灵的恐惧，不断地挑战自我，打破自我限制。

　　事实上，我们每个人的身上都蕴含着极大的能量。勇于向不可能的任务挑战，有利于我们不断打破心灵中的自我限制，充分发挥出自我的潜能。

　　听说英国皇家学院公开张榜为大名鼎鼎的教授戴维选拔科研助手，年轻的装订工人法拉第激动不已，赶忙到选拔委员会报了名。但临近选拔考试的前一天，法拉第意外得到通知，取消他的考试资格，因为他是一个普通工人。

　　法拉第愣了，他气愤地赶到选拔委员会。但委员们傲慢地嘲笑说："没有办法，一个普通的装订工人想到皇家学院来，除非你能得到戴维教授的同意！"

法拉第犹豫了。他顾虑重重地来到了戴维教授的大门口。他在教授家门前徘徊了很久，终于敲开了门。一位老者正注视着法拉第，"门又没有锁，请你进来。"老者微笑着对法拉第说。

"教授家的大门整天都不锁吗？"法拉第疑惑地问。

"干吗要锁上呢？"老者笑着说，"当你把别人关在门外的时候，也就把自己关在屋里。"这位老者就是戴维教授。他听了这个年轻人的叙说和要求后，写了一张纸条递给法拉第："年轻人，你带着这张纸条去，告诉委员会的那帮人，说戴维老头同意了。"

经过严格的、激烈的选拔考试，书籍装订工法拉第出人意料地成了戴维教授的科研助手，走进了英国皇家学院那高大而华美的大门。

有志者永远不会因为前面的阻碍而气馁。因为，他具备了冲破世俗偏见的勇气和勇往直前的精神。

美国现代舞的创始人伊莎多拉·邓肯说："这个世界急需提升勇气和希望。"什么是勇气？勇气就是即使有一千个借口哭泣，也要有一千零一个理由坚强；即使只有万分之一的希望，也要勇往直前，坚持到底。生活中，许多人常常为自己不能改变现状而苦恼，为生活平庸而感到无奈。其实，我们并不缺乏希望和梦想，甚至也不缺乏机遇，之所以平凡，前途受阻，是因为我们缺乏让自己"跨上马背"的勇气和让自己成为骑手的信念。要想一览马背上的壮观，体会策马驰骋的豪情，就必须勇敢跨过马背的高度。不能勇敢地登上梦想中的位置，就永远不能走得更远、见得更广。

失败并不可怕，可怕的是缺少勇气。"败"不是终结，而恰恰是一个新的起点。每一次失败和挫折都将我们的灵魂提升到一个新的高度，将精神提升到一个新的境界。以每一次的失败或挫折为起点，奋勇拼搏，胜利的曙光就会慢慢升起。

成事在勇不在天，但这种勇绝不是一味蛮干的匹夫之勇，而是审时度势、善于抓住机遇的睿智之勇。有人这样评价瀑布——正因为没有退路，才鼓足勇气闯出了一条新路。机遇对于成功来说相当重要，而机遇又扑朔迷离，需要悉心把握。一项对美国最近几年盈利在500万美元以上的数百家企业的经营者调查显示，创造力和勇气是企业家们成功的群体特性之一。成功的企业家都有着非凡的勇气，他们都不怕失败，都认为困难是可以克服的，而且都对可能遭遇的挫折做好了充分的准备。可见，生活的勇气和信心是成功的必要条件，也是干事创业真正的传家法宝。

有人问古希腊思想家阿那哈斯："什么样的船只最安全？"阿那哈斯说："那些离开了大海的船只。"不走路，才不会摔倒；不航行，才没有危险。但船一旦离开大海，也就没有了存在的价值。所以说，在没做之前不要说自己不行，在没尝试之前不要说不可能。有勇有谋者必能成事，能勇无谋者或可成事，而有谋无勇者必然不能成事。思路泉涌而缺少勇气担当者，妙计多多而怯于行动者，纵使能运筹帷幄，终将成不了大事。

第四章

努力奔跑，
每天进步一点点

打盹者注定是
最终的失败者

哈佛老师经常给学生这样的告诫：如果你想在进入社会后，在任何时候任何场合下都能得心应手并且得到应有的评价，那么你在哈佛学习期间，就没有晒太阳的时间。在哈佛广为流传的一句格言是"忙完秋收忙秋种，学习，学习，再学习"。

人的时间和精力都是有限的，所以，要利用时间抓紧学习，而不是将所有的业余时间都用来打瞌睡。

有的人会这样说："我只是在业余时间打盹而已，业余时间干吗把自己弄得那么紧张？"爱因斯坦就曾提出："人的差异在于业余时间。"我的一位在哈佛任教的朋友也告诉我说，只要知道一个青年怎样度过他的业余时间，就能预测出这个青年的前程怎样。

20世纪初，在数学界有这样一道难题，那就是2的76次方减去1的结果是不是人们所猜想的质数。很多科学家都在努力，希望攻克这一数学难关，但结果并不如愿。1903年，在纽约的数学学会上，一位叫作科尔的科学家通过令人信服的运算论证，成功地克服了这道难题。

人们在惊诧和赞许之余，向科尔问道："您论证这个课题一共花了多少时间？"科尔回答："3年内的全部星期天。"

同样，加拿大医学教育家奥斯勒也是利用业余时间做出成就的典范。奥斯勒对人类最大的贡献，就是成功地证实了血小板是血液中第三种有形成分。

他为了从繁忙的工作中挤出时间读书，规定自己在睡觉之前必须读15分钟的书。不管忙碌到多晚，都坚持这一习惯不改变。这个习惯他整整坚持了半个世纪，共读了1000多本书，取得了令人瞩目的成就。

获得哈佛大学荣誉学位的发明家、科学家本杰明·富兰克林有一次接到一个年轻人的求教电话，并与他约好了见面的时间和地点。当年轻人如约而至时，本杰明的房门大敞着，而眼前的房子里却乱七八糟、一片狼藉，年轻人很是意外。

没等他开口，本杰明就招呼道："你看我这房间，太不整洁了，请你在门外等候一分钟，我收拾一下，你再进来吧。"然后本杰明就轻轻地关上了房门。

不到一分钟的时间，本杰明就又打开了房门，热情地把年轻人让进客厅。这时，年轻人的眼前展现出另一番景象——房间内的一切已变得井然有序，而且有两杯倒好的红酒，在淡淡的香气里漾着微波。

年轻人在诧异中，还没有把满腹的有关人生和事业的疑难问题向本杰明讲出来，本杰明就非常客气地说道："干杯！你可以走了。"

手持酒杯的年轻人一下子愣住了，带着一丝尴尬和遗憾说："我还没向您请教呢……"

"这些……难道还不够吗？"本杰明一边微笑一边扫视着自己的房间说，"你进来又有一分钟了。"

"一分钟……"年轻人若有所思地说，"我懂了，您让我明白用一分钟的时间可以做许多事情，可以改变许多事情的深刻道理。

珍惜眼前的每一分每一秒，也就珍惜了所拥有的今天。哈佛的这句话实际上揭示了一种人生哲学，那就是人生要以珍惜的态度把握时间，从今天开始，从现在做起。

竞争总是伴随着危机，在如今这样一个残酷竞争的时代，无论是企业还是企业员工都处在危机之中。进入21世纪，人类社会的竞争更是日益激烈。职场和商场中的竞争已经成为一场不进则退、永无止境的竞赛。

人们在总结职场失败以及企业衰败的原因后，发现了一个共同点，失败并非突然而至。事实是，在这些人和企业表面上春风得意，不思进取的时候，危机就已经潜藏其中了。

科学家曾经做过这样一个有名的"青蛙实验"。先把一只青蛙投入热水锅里，青蛙马上就感到了危险，拼命一跳便出了锅，安全逃生。再把这只青蛙投入到冷水锅里，然后慢慢加热，青蛙畅快地游来游去，毫无戒备；过一段时间后，锅里的水温度逐渐升高，青蛙感觉到熬不住了，必须想法逃生时，却发现为时已晚，最后，一只活蹦乱跳的青蛙就葬身在热锅里了。

青蛙没有死在滚烫的热水里，反而死在了冷水锅里，这不得不引起人们的深思。不管是企业，还是个人，这样的事情在我们现实生活中也是常常遇见的。尤其是在环境优越的单位里，人们很容易习惯一种安逸的工作环境，总以为这种安逸的工作环境可以持续下去。但事实上，生活、工作中许多的因素在不断变化，而我们对这些量的变化没有引起足够的重视，等到质的突变时，就会无法适应新的要求，最后只能落个像那只冷水锅里的青蛙一样的下场。

"青蛙实验"告诉我们：要想在激烈的竞争中保持优势，延续良好的发展趋势，不管是企业还是个人，都需要树立危机意识。

有危机并不可怕，没有危机才是可怕的，而没有危机意识更可怕。有了危机，辩证的看待、处理危机，才能使企业实现健康的、可持续发展，危机是企业获得快速发展的源源不尽的动力。只要我们的每一个人都牢固树立起危机意识，我们的一切工作才能防患于未然，企业才能快速发展，而自己也才能在公司的发展中实现自己的价值。

不要荒废
你的专业

专业知识在人际交往中起着非同一般的作用，丰富的专业知识和理论以及博古通今的学识和见识可帮助我们去更好地掌握人际关系，让对方相信自己的技术特长，并且乐于互动沟通，最终达到自己的目标。

一位哈佛教授在讲专业知识的重要性时，讲了这样一个故事。

美国纽约市中心有一家豪华的大饭店。这里陈设考究，住房舒适，菜肴尤其美味可口。每天都是宾客满座，需要消耗大量食品，这天清晨，刚从国外考察回来的经理，风尘仆仆地来到饭店处理事务。刚步入大厅，就被等候在那里的杜维诺先生喊住了。

"经理先生，我想耽搁您几分钟时间，谈谈关于……"杜维诺先生经营着一家高级面包公司，他一直想把面包推销给这家大饭店。4年来，他经常主动登门谈生意，或给经理打电话，但都遭到了拒绝。

"杜维诺先生，关于面包的购买问题，我们已经讨论过好多次了。本店已经有了充足而良好的供应，所以我们就不需要了。"杜维诺赶紧解释："经理先生，在您出国期间，我已住进了贵店，现在我是您的顾客！"

"谢谢光临，尽管如此，我还是无意购买贵公司的面包。"经理说罢就要走。

"经理先生，您误会了，我并不想谈面包的销售问题，而是想求教'旅馆招待者协会'的一些事项。"

一提到"旅馆招待者协会"，经理立即容光焕发了。他是这个组织的主席，他十分热衷于它，并引以为荣。他笑着问："想不到杜维诺先生对'旅馆招待者协会'也有兴趣。"

　　"岂止有兴趣，简直是崇拜之至。"杜维诺回答道。于是，他俩进入小客厅，亲切地交谈起来。

　　原来杜维诺向这家大饭店屡次推销面包，总是一无所获，他就向一个朋友去请教。那个朋友告诉他一个"妙方"。要他关心饭店经理最热衷的是什么，以设法投其所好。于是，他就住进了这家饭店，经过详细调查，终于了解到这位经理的兴趣和爱好所在。

　　此时在小客厅里，两人谈得非常投机，杜维诺对"旅馆招待者协会"的宗旨、组织、计划、活动等有关细节了如指掌，谈得头头是道。不仅恰到好处地渲染了经理对这个组织所起到的作用和贡献，而且还夸大其词地展望着这个组织的发展前景，描绘着一幅美好的蓝图。最后，还不无遗憾地表示：

　　"可惜我不经营旅馆业，否则，我将是这个组织的一名积极的成员。"

　　经理深受感动地说："本组织积极的成员从来不会嫌多。其实先生所从事的事业与我们的协会也是有联系的。"

　　当然，经理所谓的这种联系极其勉强，即使他作为主席也无法改变协会的宗旨。不过他还是想出了一个办法，"卖"给杜维诺一张会员证，让他冒名顶替来当一名"积极的成员"。

　　这次谈话连一点面包屑都没沾上边，但没隔多久，杜维诺先生就接到了那家大饭店大宗面包的订货单。

　　一个好的推销员除了要自己亲身去体验所推销产品的功能和效果之外，还要熟记与之相关的所有数据和资料，在推销中运用自己纯熟于心的专业知识结合自己使用后的体会向用户推销，这样才可以达到事半功倍的效果。

专业能力是我们的生存之本。工作可以失去，但我们不能没有专业能力。失去专业能力，就失去了我们的生存之技。

职场中，没有终身的雇佣关系，如果你的发展跟不上职业的发展，那么你就会成为公司可有可无的人。因此，作为一名从业者，如果要避免被淘汰的命运，让自己有更好的发展，就要努力提升自己的专业技能，使自己成为那个不可或缺的人。在平时工作之余，不妨问问自己：我是不是这里不可或缺的人？在这个组织里我有什么安身立命的资本？如果回答不是特别肯定的话，那我们就要加油，赶快给自己充电，回炉，赶快学会做"那道特别的点心"的本领。当别人有的资源你不缺，而你有的资源别人又没有，你就有了安身立命的资本。

所以，无论你目前从事哪一个行业，都要对自己的行业有深刻的认识和理解，只有自我的专业知识丰富，才会在人际关系交往中取得别人的信任和欣赏；反之，往往会被误认为是欺骗、不诚实、不专业、不敬业乃至被人家说成是骗子。

只有专业知识丰富，在张嘴的时候才能有自信，面对任何可能提出的问题都可以在第一时间迅速做出反应并及时回答，给人一种专业、可信度高的感觉；相反，如果专业知识不足，就会让对方产生不信任的感觉。

所以，不要再把时间浪费在慨叹命运对自己的不公上，也不要再抱怨自己没时间学习或是权限不够大，要明白你的收获由你的付出决定，自我的发展需要你的努力，正如公司的进步要靠每一位员工的成长来推动。你只有不断提高专业技能才能不再受到各种困难的困扰，为公司的发展创造契机，才能成为公司真正需要的员工。

如果我们把职场比作战场，那么不同专业的人就是不同的兵种。不同的兵种在作战中起着不可替代的独特作用，正如你唯有用你的专业知识才能让你在职场中变得"不可替代"。那么请记住"永远不要荒废你的专业"。只有这样，你才能得到更好的发展和提升。

主动学习，自动自发

自动自发，不是别人指使你干什么，而是自己主动去干什么，它是一种自觉、一种敬业、一种忠诚、一种自信之心。人可以通过工作来学习，可以通过工作来获取经验、知识和信心。你对工作投入的热情越多，决心越大，工作效率就越高。当你抱有这样的热情时，上班就不再是一件苦差事，工作就会变成一种乐趣，就会有许多人来聘请你做你喜欢做的事。

罗斯·金说："只有通过工作，你才能保证精神的健康，在工作中可以进行思考，工作才是件愉快的事情。"

年轻人应该从头干起，担当最基层的职务，这是件好事。世界上有许多大企业家在创业之初都要做那些琐碎而单调的事情。他们与扫帚结伴，以清扫办公室度过了企业生涯的最初时光。

我们经常会发现，那些被认为一夜成名的人，其实在功成名就之前，早已默默无闻地努力了很长一段时间。成功是一种努力的累积，不论何种行业，想攀上顶峰，通常都需要漫长时间的努力和精心的规划。

如果想登上成功之梯的最高阶，你得永远保持主动率先的精神，即使面对的是缺乏挑战或毫无乐趣的工作。当你养成这种自动自发的习惯时，就有可能成为未来的老板和领导者。那些位高权重的人是因为他们以自己的行动证明了自己的勇于承担责任，值得信赖。

哈利初中毕业之后就辍学在家了。干了两年农活后，觉得这么干下去没有前途。思考了3个晚上，他决定去城里寻求发展。于是就去了在城里已经打工3年的表哥那里。

表哥虽在公司里干，但做的是力气活，也只能在公司里替哈利找了一份同样是出力气的工作。哈利工作认真，肯出力。但他看着公司里那些坐办公室的白领羡慕得不行，因为他们挣的工资是他的10倍左右。这时，哈利才格外地意识到知识的重要性。

哈利上班一个月后就偷偷地利用晚上业余时间去参加电脑培训班学习。后来又参加了高等教育自学考试。

打工的钱，哈利大都用在了学习上。表哥教训他："哈利，咱们就是出苦力的命，你就别癞蛤蟆想吃天鹅肉了。挣几个钱也该娶个老婆养个儿子了，这才是正经事。"

哈利听了不服气，却也不争辩，只是照样看他的书。就这样3年下来，别人挣了两万多元，哈利却只拥有一张自考大专文凭、3个培训班的结业证书和满满3纸箱的书。

一天晚上，公司的库房突然失火了。老板急得几乎是要跪着求大家去救火。员工们似乎都不大肯出力，因为那库房里有易爆物品，抢救过程中可能会发生爆炸，弄不好会把命送掉。唯有哈利救火最卖力。后来消防队来了，火很快就被扑灭了。

哈利的表现给老板留下了深刻的印象。一个星期后，老板把哈利找到办公室里，亲自塞给他一个厚厚的红包。

老板替哈利倒了一杯茶，就和哈利闲聊起来了。他没想到眼前这个土得掉渣的打工者看问题谈经营都极有见地，当下拍板要让哈利当他的助理。

哈利连忙摆手说，我不行，我不行！

老板说，就凭你好学上进，工作肯出力气，又负责任，我看你准行。相信我，我这个人看人是不会有错的。

老板看人果然没有看错。哈利做了两年，业绩相当不错。现在他又被提为公司的副总经理了。

哈利的表哥早已换了家公司打工，干的还是力气活。他的工资只有哈利的1/20。喝了酒，表哥总爱和人吹他表弟，他说："我那表弟哈利真是有好运气。闯荡'江湖'也就几年时间，就坐到副总的交椅上了。"

作为一名职员，哪怕是打工者，只要你对所从事的工作认真热情，脚踏实地、任劳任怨，而且懂得不断为自己充电，不断提高自己的素质，那么总有一天机会会降临到你的头上。善于学习的人，生活就会给你更多的回报。

自动自发地做事，同时为自己的所作所为承担责任。那些成就大业之人和凡事得过且过的人之间最根本的区别在于，成功者懂得为自己的行为负责。没有人能促使你成功，也没有人能阻挠你达成自己的目标。

成功的人很早就明白，什么事情都要自己主动争取，并且要为自己的行为负责。没有人能保证你成功，只有你自己；也没有人能阻挠你成功，只有你自己。

许多公司都努力地把自己的员工培养成自动自发的人。自动自发的员工，有独立思考能力，并勇于负责。他们不会像机器一样，别人吩咐做什么他就做什么。他们往往会发挥创意，出色地完成任务；而不能自动自发工作的员工，则墨守成规、害怕犯错，凡事只求符合公司规则。他们会告诉自己，老板没有让我做的事，我又何必插手呢？又没有额外的奖励！这两种截然不同的想法会明显地导致不同的工作表现。

成功的机会总是在寻找那些能够主动做事的人，可是很多人根本就没有意识到这一点，他们早已养成了拖延的习惯。只有当你主动、真诚地提供真正有用的服务时，成功才会伴随而来。而每一个雇主也都在寻找能够主动做事的人，并根据他们的表现来犒赏他们。

现在就动手做吧！当你意识到拖延懒惰的恶习正在你身上显现时，不妨用这句话警示自己。从任何小事做起都可以，并不是事情本身有多么重要，重大的意义在于你突破了无所事事的恶习。

[不断充电，
不断吸氧]

"此刻打盹，你将做梦；而此刻学习，你将圆梦。"在竞争激烈的职场中，你是否会怯场，感到没有底气？没有人愿意接受被淘汰的命运，无论是拿出专门时间去深造，还是在工作中不断学习，你都必须思索、行动，适应不断变化的环境，进行良性循环的充电，使自己最终拥有纵横职场的能力，从而使自己的生活更加美好。

查尔斯曾经在哈佛度过4年的大学时光，他现在就职于纽约的一家软件公司，做他最擅长的行政管理工作。不久前，他的公司被一家法国公司兼并了。在兼并合同签订的当天，公司的新总裁宣布："我们不会随意裁员，但如果你的法语太差，导致无法和其他员工交流，那么，不管是多高职位的人，我们都不得不请你离开。这个周末我们将进行一次法语考试，只有考试及格的人才能继续在这里工作。"

散会后，几乎所有的人都拥向了图书馆，他们这时才意识到要赶快补习法语了。只有查尔斯像平常一样直接回家了，同事们都认为他已经准备放弃这份工作了，毕竟，哈佛的学习背景和公司管理层的工作经验会帮助他轻而易举地找到另一份不错的工作。

然而，令所有人都想不到的是，考试结果出来后，这个在大家眼中没有希望的人却考了最高分。原来，查尔斯在毕业来到这家公司后，他在工作中发现与法国人打交道的机会特别多，不会法语会使自己的工作受到很大的限制，所以，他很早就开始自学法语了。他利用可利用的一切时间，每天坚持学习，最终学有所成。

在哈佛，你从来看不到学生在偷懒，在消磨时间。当若干年后回想起曾经的梦想时，希望带给你的是无尽的欣慰笑容，而不是因蹉跎而流下的悔恨泪水。

成功与安逸是不可兼得的，选择了其一，就必定放弃了另一结局。正像哈佛教授所提醒的那样：现在流的口水，将成为明天的眼泪。今天不努力，明天必定遭罪。

从上面的故事中，我们可以看出不断充电对于自身生存的重要性。人类的竞争每天都在上演，特别是在这个知识大爆炸的年代里，如果不每天学习、充电，你很快就会被这个时代淘汰。

由此可见，读书学习也是谋生的一部分，是生存发展的需要，是一种必须的"消费"，也是一种个人"投资"。因此，无论何时何地，每一个现代人都不要忘记给自己不断充电，尤其是在竞争激烈的今天，必须要时时充实自己，提高自己的能力，否则就不能胜任现代化的工作，当然也就难以生存下来。正如有人说："你永远不能休息，否则你就永远休息。"未来的路在自己脚下，懂得不断给自己充电，你的生存之路会更加平坦，更具光彩。要知道，为自己充电，就会为未来的生存积蓄一份充足的力量。每当你学会一项技能时，你就多了一种生存的方法和技巧，也就朝成功迈进近了一步。

李阳说，"我疯狂所以我成功"。一个人在工作的时侯享受工作，并通过工作全面提升自我。等我在"长江商学院"修完企业管理课程后，再有几年的实践经验，我就写一本《疯狂管理》。李阳曾十分感慨地说过，"我愿意把以后的精力放在两件事情上：一个教育自我，另外一个通过教育自我获得经验再传授给别人。"

"超人"李嘉诚坦承，"我年轻打工时，一般人每天工作8到9个小时，而我每天工作16个小时。除了对公司有好处外，我个人得益更大，这样就可以比别人赢少许。面对今天如此激烈的竞争，这点更加重要。只要肯努力一点，就可以赢多一点。"他曾经鼓励港大的学生："只要自身条件优越，有充足准备，在今天的知识型社会里，年轻人更容易突围而出，创造自己的事业。"

你看，就连李嘉诚、李阳这样的成功人士都能意识到学习的重要性，那么我们年轻的一代更应该增强这方面的意识。人常说：学无止境，活到老，学到老。还有一句名言说得很到位，"学习吧，这是你最需要做的事情！"在成功的路上，人需要不断的充电。只有不断的充电、不断的学习，在"成功"的货币流通领域，我们才能不断增值。有人说，"有理走遍天下"；也有人说，"有礼走遍天下"；我说，"有才才能走遍天下"。学会充电吧，就算我们成不了全才、通才，也会成为一个具有独特价值的人。

在学习中
种一朵兴趣之花

兴趣是人对事物的真正关心，是推动人们去寻求知识或从事某种活动的一种精神力量，一种动力。兴趣一旦被激发，人们会伴随愉快紧张的情绪和主动的意志努力，去积极地认识事物，因此兴趣对我们的事业具有无法替代的促进作用。

哈佛大学的幸福课教授本·沙哈尔曾经遇到过一名律师，在纽约一家知名公司上班，拿着不菲的薪水，工作很努力，一周至少要干60个小时，但业绩并不理想，过得很不开心。当本·沙哈尔问他，在一个理想世界里还想做什么时，这名律师说，他最想去一家画廊工作。

"难道说，在现实世界里找不到画廊的工作吗？"这名律师说不是的，但如果选择去画廊工作，一开始时收入就会少很多，生活水平也会下降。他虽然对律师楼里的人很反感，但觉得没有其他选择。

为了金钱的保障，被一个不喜欢的工作所捆绑，他每天并不开心，没有工作激情，自然也难有大的建树。据有关机构统计，在美国，有50%的人对自己的工作不甚满意。本·沙哈尔认为，这些人之所以不能成功，是因为他们对工作没有兴趣，也没有动力，而出现这一切的原因是他们太看重现实的物质与财富，宁愿把自己的未来葬送。

一个人如果从事的不是自己喜欢的工作，那么他一定不会取得成就，在所有的商界名人、成功人士中，我们几乎找不到这样一个人，他说过不喜欢自己正在从事的事业，但是却取得了很大的成就。

我们每一个人都需要工作，但是每一个人收获都大不同，原因是对待工作的态度不同。任何一个工作岗位，无论是复杂工作，还是简单工作，都是一种考试和检验。愈是简单、平凡的工作，愈能考验一个人的工作态度和工作品德。

并不是每个人都有机会从事与自己的兴趣相合的工作。重要的是，我们要善于从工作中发现兴趣。兴趣能够激发热情，能够让我们沉迷到自己的工作中，快乐、富有创造性的工作让人不知疲累。兴趣是工作最好的推进剂，只有对自己所从事的工作真正感兴趣，我们才能从中获得快乐，才会竭尽全力地去把工作做好。在现实生活中，我们似乎总是在从事着自己并不感兴趣的工作。因为与自己的兴趣不相符合，我们勉强为之，在心里与这份工作较着劲。没有兴趣，何来激情？没有激情，何来工作的愉悦和快乐？

所以，我们要培养兴趣，因为每个人都希望在工作中获得成功，而你从事的工作不一定是你喜欢的。就像现在的大学生面对毕业后是先就业再择业，还是先择业后就业，很多专家都建议先就业再择业，为了以后可以选择自己喜欢的工作，就要在工作中积累经验，只有热爱目前所做的工作，才能用心去学、坚持不懈、持之以恒地去做。

的确，一些职场新人在毕业一两年后仍未从心理上真正"毕业"，他们对职业前景焦躁不安，起初的满腔热情渐渐冷却，心情黯淡。另外一些职场人士对于日复一日的按部就班感到单调和无聊，产生厌倦情绪，精神萎靡。然而，这一切完全可以通过自身来改变。

那么，如何培养你的工作兴趣呢？

第一，把工作看成是一项神圣的天职：只有认为是神圣的、重要的东西我们才会去重视、去关注，才会怀有浓厚的兴趣。对事业倾注全部热情，不论遇到多大困难都会尽全力去做。

第二，欣赏你的工作：想想你把这件事情做好以后，将会给你的企业和他人以及自己带来什么。

第三，把客户当朋友：你在与朋友见面时，一定会微笑、喜悦，很轻松地去交流，把客户当成你的朋友，真诚地、友好地去面对。从他的角度去考虑问题，他会很尊重你，你做起来也会很轻松。

第四，把困难看成是对自己的挑战：你每天都会遇到困难，肯定有过不想去做。你要想这是对自己的挑战，我一定要接受挑战，这样自己才会成长得更快。如果你有了挑战的精神，你就会感觉到有一种力量在促使你不断前进，这是你永不服输的决心激发了你的热情。

有一段话和大家分享：不要羡慕别人的成功，感叹自己的不幸。我们大多数人并非没有才能，也并非没有可供发展的环境与空间，缺少的只是昂扬的斗志与激情。其实，如果你也能培养并发挥自己的热情，以此来鞭策自己从浑浑噩噩中奋起做事，对事业锲而不舍、执着追求，你的成功也将会变得轻而易举。

请记住：天上不会掉馅饼，任何成功，都须付出艰辛和努力才能获得。善于培养工作兴趣，是开创辉煌事业的基础和根本。生活中，每个人都面对当前巨大的就业压力，能拥有一份工作已经是很幸福的事，不要过多地去奢望找一份既喜欢、又轻松、收入还高的工作。每个人都应该珍惜已经拥有的这份工作，哪怕工作本身很辛苦，也要脚踏实地，以向上的态度去应对。其实，只要细心地去观察、去发现，每一项工作都有它自己的魅力，总会有足够吸引你的地方。工作的兴趣就蕴藏在工作本身之中，只要你积极地去接触它、寻找它、挖掘它，你就会从中收获无穷的乐趣。机会总是赐予有准备的人，如果你能善于寻找工作兴趣、培养工作兴趣，并把兴趣作为动力去推动工作，那么明天成功的也许就是你！

[在学习中
不断超越自我]

"人生就是一个不断超越的过程。"这是哈佛人的精神。成功的动力源使人们拥有不断超越的进取目标。

一个人在社会中生存，知识面越广，得到的信息就越多，人生的视野则愈加开阔。一个鼠目寸光的人，很难在今天有所作为。超越不了自己，更超越不了别人，这不但不利于自己事业的发展，而且自己也很难在竞争激烈的社会上立足，最终只能被时代大潮抛弃。

小镇上有一位年近60的老医生，年轻时也曾经远近闻名。但后来人们发现自从他离开镇上的医院，独自开诊所以后，诊病下药一贯奉行传统的老法子。从医多年毫无进取创新，于是渐渐没落。他明明应该把门面重新漆一漆，明明应该去买些新发明的医疗器械及最近出现的特效药品，但他舍不得花钱，也不肯稍微花些时间看些新出版的刊物，更不肯费些心去研究最新的临床疗法。他所用的诊疗法，都显效迟缓、陈腐不堪；他所开的药方，都是不易见效的、人家用得不愿再用的。他一点也没留意到，在他诊疗所附近早已来了一位年轻医生，所用的器械都是最新的；开出来的药方都是最新发明的；所读的都是最新出版的医学书报。同时他诊所的陈设新颖完美，病人走进去看了都很满意。于是老医生的病人，渐渐都跑到那位年轻医生那里去了。等到他发觉这个情形，已经悔之不及。"不进步"使他失败，他的诊所从此再也无人问津了。

一个没有危机感的人会丧失前进的动力，失去超越自己的勇气，久而久之将被时代和他人淘汰，甚至会不如从前的自己。所以，无论如何都不能放松对自己的要求，不能像故事里的医生一样"坐以待毙"，听凭命运的"冷落"。

进取心始于一份渴望。当你渴望实现梦想时，进取心便油然而生。当你坚信能改善自己的生活时，进取心便能茁壮成长。渴望是原动力，当你想要一样东西、想要做成一件事时，你心中便有一份力量，推动你去获得、去进取、去追求。进取心是内心的驱动力量，是经由想象而产生的意念。我们可以以进取心推动自己向目标迈进。有进取心的人会勇往直前，为实现梦想而努力。这也是百年哈佛对我们的人生忠告。

但是，我们所说的锐意进取，绝不是放弃快乐的生活而选择精神的"苦役"。实际上，追求超越自我的人，每一分每一秒都活得很踏实，他们尽其所能享受、关怀、做事并付出。除了工作和赚钱以外，他们的人生还有其他意义。若非如此，即使居高位，生活富裕，也会感到空虚、乏味，不知生活的乐趣在哪里。

人生战场上的真正赢家目标远大而明确，他们追寻生命的真谛和超越自我。他们能够把生活的各个层面融为一体。为了享受生活的乐趣，他们不仅剖析自我，而且从大处着眼，展望生命的全貌。

人的一生，最大的敌人不是别人，正在我们自己，只有超越了自我，才懂得怎样去衡量别人的价值，只有超越自我，才明白如何接纳自己以外的一切，只有超越自我，才能使自己一生更加丰富多彩，只有超越自我才能展望到生命的全貌，描画出人生没有断点的轨道。

一个人在现代社会生存，知识面越广，得到的信息就越多，否则很容易变成鼠目寸光的人。这不但不利于自己事业的发展，也很难在竞争激烈的社会上立足，最终只能为时代大潮所抛弃。

成功的动力源于拥有一个值得努力的目标和抛开自我，放眼寻求人生的真谛。没有生活目标的人，生活的层面十分狭隘。他们总是关心自己，只关心眼前的一点利益。这种人像井底之蛙。胸怀大志的人所显露的一个显著特征就是他们勇于超越自我，全力以赴，圆自己心中的梦。

霍金超越自我，张海迪超越自我，方工超越自我，等等，正是因为他们的自我超越，才使我们的人生和事业更加澎湃激荡，因此我们必须竭尽所能，超越自我，全力以赴，为更加美好的生活而努力，以求突破现状，开创新局面。

超越源于进取，只有不断进取，才能加快超越的进程。而进取心始于一种渴望。当你渴望实现梦想时，进取心就油然而生了。而当你坚信能改善自己的生活状况时，进取心便能茁壮成长。渴望是原动力，当你想要一样东西时，你心中便有一份力量，推动你去获得、去进取、去追求。

进取心是内心的驱动力量，是经由想象而产生的。我们可以利用进取心推动我们向前迈进，有进取心的人会勇往直前，向自我挑战，完成自我超越。

学习者
才是成功者

一个没有接受过良好教育且没有丰富知识的人，谈不上是一个真正成功的人。随着社会的发展，人们越来越意识到不学习就意味着愚昧和落后。在哈佛大学，教授们也常常提醒哈佛学子：学习已变成必要的选择。

学习，相对来说是一件苦差事，它需要耐心、毅力，需要忍受枯燥无味的过程。然而，一个人不学无术，胸无点墨，那就掌握不了生存的技能。

小时候的拿破仑，被父亲送到一所贵族学校上学。这个时候，他的家庭已经变成一个没落的贵族，父亲并没有什么财富。当时只是为了面子，才让他进入这样的学校。在拿破仑入学之后，他的贫困遭到了同学们的嘲笑。

那种讥讽常常引起拿破仑无限的愤怒，但是他又没有任何解决的办法。

后来拿破仑实在受不了了，就写信给父亲，说道："父亲，我真的没有办法来解释我的贫穷，除了这点，他们没有任何一项能够高于我。至于说到高尚的思想和品行，他们都在我之下。我实在不愿意在这些人面前谦卑下去了！"

父亲很快来信说："我们是没有钱，但是你不能够放弃，就在那里坚持把书念完。要知道你是去学习的，不是去攀比的。"拿破仑接到信，没有再为难父亲，而是整整忍受了5年的痛苦。他把那些嘲笑、欺侮、轻视，都化为学习的动力和决心，发誓要证明给他们看看，自己比他们有出息得多。

于是，拿破仑暗暗制订了计划，凡是别人知道的知识，他要掌握得更加透彻；别人无法掌握的知识，他也要深入钻研。所以，他比其他同学付出了更多的时间来学习。

一分耕耘一分收获。拿破仑最后终于拥有了丰富的知识和能力，令那些同学刮目相看。

后来拿破仑到了部队，看见同伴们在空闲时间里除了追女人就是赌博，这令他反感。因为他树立了自己心中远大的理想，所以他决心用埋头读书的方法来继续强化他的实力。

拿破仑的决心很大，他甚至希望全天下的人都知道自己的才华。因此，在他学习时，广泛阅读，汲取丰富的知识。

那时候，他住在一个狭小潮湿的房间内，忍受着孤独和寂寞，不停学习。他把自己想象成是一个将军，画出各种作战的地图，并在地图上清楚地指出哪些地方应当布置防范。这是用数学方法精确地计算出来的，自然使他的数学也获得了提高，而且这也是他最早的"作战实践"。

拿破仑勤奋学习的事情最后被他的上司发现，于是不断派他执行一些新的工作任务，并且开始培养他的军事能力。而拿破仑也不负众望，总是把工作完成得非常出色。在不断的磨炼中，他一步步走上新的人生道路。

谁都知道学习的好处，但是如果你不热爱学习，觉得学习是一种难以忍受的痛苦，那么，你终将因放弃学习而遭遇更大的痛苦，并且这种痛苦会终生伴随着你。一个由知识滋养的人，其精神会更强健。

当然，学习意味着你将付出一定的时间和精力，而这些时间和精力也许就是你想用来玩耍或放松的。当你的朋友们正在窗外嬉戏，那种娱乐的喜悦时时干扰你的神经时，你需要克服种种困难，静下心来投身于学习当中。这个过程对你来说无疑是一种煎熬，但你如果换种思维方式，告诉自己，自己正在进行一项有意义的事情，它就会带给你比玩耍更多的快乐，还能为你的生存增加资本，那你的不快很快就会消失。

的确，学习知识能给人带来享受和快乐，那种开始时的痛苦是短暂的。

当你全身心地进入一种状态时，你会发现学习是一件那么有趣、那么让人醉心的事。热爱学习，会让你的头脑更充实，精神更快乐，生活也不再空虚，不再乏味。最主要的是——用知识武装起来的人是不可战胜的。

谁都知道学习需要付出超常的辛苦和努力。因此，哈佛大学的教授经常对学生说："学习时的痛苦是暂时的，而未学到的痛苦是终生的。"如果你明白了学习的意义，不再将其视为难以下咽的苦果，那么你将有"一览众山小"的气魄和壮志。积极快乐地投身其中，你将拥有不一样的人生。

不含有艰辛的成功是没有的

哈佛大学心理学教授威尔士·罗德曼先生曾这样对他的学生说："当我们的耳朵还能够听到清脆的鸟鸣、优美的音乐时，我们要感恩大自然的馈赠；当我们的眼睛还能够看见金秋的红叶、森林里的花朵时，我们要感谢上帝的仁慈。"

生活中有很多不幸的人，他们没有平常人拥有的条件，但却创造了平常人做不到的成绩。

有一个叫彼纪儿·戴尔的女人，她的眼睛瞎了将近50年。年轻的时候，她的一只眼睛勉强看得见字迹。但是，由于这只眼睛看东西时必须斜视，增添了她生活的难度。很多人都对她表示深深的同情，并希望能够给予她力能所及的帮助。但是，这个女人却没有人们想象的那么自卑，她甚至会拒绝别人的怜悯和帮助。因为她不希望别人把她当作另类看待。她常常说："我为什么要异于常人呢？"

在戴尔小的时候，她也喜欢玩跳房子的游戏。由于她看不见线的高低，所以常常出现失误。为了避免失误，她总是等所有的伙伴都回家后，一个人拿一根棍子来丈量那根线的高度，以自己的身体来作参照物，掌握那些线条的方位。她把游戏过程中所有自己不熟悉的程序都仔细琢磨，想出一个自己能够解决的办法。哪个地方的线是高的，哪个地方的线是低的，哪个地方的线在左边，哪个地方的线在右边，她总是认真计算和琢磨。不久后，她的伙伴也发现戴尔已经可以非常熟练地与他们一起玩游戏了。戴尔在家中看书学习，那种劲头让家人感到不忍心。因为她的书本和眼睛几乎连在了一起。而且，她学习非常刻苦，通常是大半天都举着书。写字的时候，眼睫毛几乎碰到了纸上。她的母亲有时候劝她："实在不行，就放弃读书吧，反正还有其他路子可走。"这时，戴尔总是莞尔一笑："妈妈，我不觉得这样不好，我能从中体会到许多快乐！"

长大之后，戴尔成了一个有丰富知识和素养的人。她通过坚持不懈的努力，获得了明尼苏达州立大学的学士学位和哥伦比亚大学的硕士学位。她身残志坚，完全靠自己的能力做到了自食其力。

后来，戴尔到了明尼苏达州的一个偏僻小山村，在那里当山村教师。但她并没有停止求索的脚步，仍旧不断学习和钻研。她在这个山村教了13年的书，自己也得到了很大的提高。她的自传《我希望能看见》出版后，引起广泛的社会关注，人们被这个顽强女人的不屈个性所折服。

其实戴尔个人看来，自己不过是依照个人的生活轨迹去行走，但，她的事迹还是引起了很多人的关注。她常常应邀参加妇女组织的活动，到那里发表演讲。此外，她还在电视台和广播电台做专题节目。她的工作也随之发生了变化——担任了南德可塔州奥格塔那学院的新闻学和文学课的教授。无论走到哪里，她都是最受学生欢迎的老师。

当然，在戴尔的内心深处，也有过忧虑和恐惧。她说："我常常担忧自己的眼睛会突然完全失明，于是，我在日常生活中，就抱定幸福一天是一天的思想，保持着快活而近乎戏谑的态度。"

即使在小有成就的时候，戴尔也没有停止自己追求学问的脚步。之后，她又取得了一项项的新成就，给无数的残疾人树立了榜样。

现代医学发展很快，在戴尔52岁的时候，一个叫梅育的著名诊所有一次邀请她前去检查眼睛，并帮她治疗，经过一段时间的治疗，她失明几乎50年的眼睛奇迹般地治好了，视力提高了近40倍。这个美好的世界像一幅画一样展现在戴尔的眼前。她无法形容自己的那种兴奋，就像是生活刚刚开始一样。

戴尔好奇地打量着这个新奇的世界，并开始了新的生活。一天，当她也像其他人一样洗衣服的时候，终于感觉到了与过去的不同。她从来都不知道那些肥皂泡，竟然是五颜六色的。她举起一把泡沫，在灿烂的阳光下，形成一道道闪动的彩虹。看到这五彩缤纷的色彩，戴尔对这个世界更加迷恋，她明白，有许多东西点缀着人类的生活。

戴尔曾是一个与普通人差异很大的残疾人，但是她的人生是富有意义的。她的努力为自己带来了成功，她没有辜负匆匆而过的年华。即使在最悲惨的时候，她依旧没有失去对生活的信念，没有因为自身的缺陷而降低理想的标准，最终克服了难以想象的困难，达到了人生的目标。

有人说，经过努力未必百分之百会成功，但是不去努力，那就百分之百不成功。索福克勒斯也曾经说：不含有艰辛的成功是没有的。

今天不走，明天要跑

哈佛图书馆墙上有一句这样的训言：今天不走，明天要跑。现实生活也的确如此。现在很多人都在提倡每天进步一点点。的确，在生活节奏日益加快的当前，如果你今天没有进步，明天你就要为今天的退步而加倍付出。

我们都说，学习如逆水行舟，不进则退。这就要求你每天都要让自己有所收获，有所进步。哪怕进步微小，但只要你前进了，就是获得了一种成绩。因为，每时每刻，其他人都在向前奔跑，如果你止步不前，你就会远远地被人甩在后面。到那时，纵使你使出全身解数全力追赶，恐怕也是无济于事。

在拥有的今天，要努力让自己有所前进，这个并不难做到，只要每天肯用心付出一点点的时间来充实自己，哪怕只是一小时，积累下来，你所取得的成就也是让人称奇的。但是，在当今这个生活节奏加快的时代里，人们似乎每天都没有充裕的时间去做完想做的事，所以很多好的想法也就无从实行了。但是，仍有许多人坚持每天至少挤出一小时的时间来完善自己，最终取得了不菲的成绩。

在哈佛，教授们会时常提醒学生们要做好时间管理，并列举如下事例。

当今世界上最大的化学公司——杜邦公司的总裁格劳福特·格林瓦特，每天挤出一小时来研究蜂鸟，并用专门的设备给蜂鸟拍照。权威人士把他写的关于蜂鸟的书称为自然历史丛书中的杰出作品。

休格·布莱克在进入美国议会前，并未受过高等教育。他从百忙中每天挤出一小时到国会图书馆去博览群书，包括政治、历史、哲学、诗歌等方面的书，数年如一日，就是在议会工作最忙的日子里也从未间断过。后来他成了美国最高法院的法官，他是最高法院中知识极为渊博的人士之一。

一位名叫尼古拉的希腊籍电梯维修工对现代科学很感兴趣，他每天下班后到晚饭前，总要花一小时时间来攻读核物理学方面的书籍。随着知识的积累增多，一个念头跃入他的脑海。1948年，他提出了建立一种新型粒子加速器的计划。这种加速器比当时其他类型的加速器造价便宜而且更强劲有力。他把计划递交给美国原子能委员会作试验，经过改进，这台加速器为美国节省了7000万美元。尼古拉得到了1万美元的奖励，还被聘请到加州大学放射实验室工作。

在哈佛，学生们都有这样一种共识，每天都有点滴的进步，不仅能让自己的内在潜能得以充分地发挥，也能积累成功的资本。的确，如果不去努力，总是原地踏步，那一生也不会有大的成绩。哪怕你天资卓越，最后也不过是个庸才，毫无作为。而哈佛的教授则更注重自己的不断进步。有的哈佛教授已经获得了诺贝尔奖，但仍孜孜不倦地学习、工作，有的教授已年逾古稀，还仍坚持到实验室做研究。我们作为成长中的年轻人，更没有理由止步。

约翰和汤姆是相邻两家的孩子，他俩从小就在一起玩耍。约翰是一个聪明的孩子，学什么都是一点就通，他知道自己的优势，也很为自己感到骄傲。汤姆的脑子没有约翰聪明，尽管他很用功，但成绩却难以排到前列。因此，与约翰相比，他时常流露出自卑的神情。

然而，他的母亲却总是鼓励他："如果你总是以他人的成绩来衡量自己，你终生也不过只是一个'追逐者'。奔驰的骏马尽管在开始的时候总是呼啸在前，但最终抵达目的地的，却往往是充满耐心和毅力的骆驼。"

就这样，约翰不再为自己的不足而自卑，而是想方设法让自己不断进步。

约翰自诩是个聪明人，从不想着让自己学习更多知识。因此，他一生业绩平平，没能成就任何一件大事。而自觉很笨的汤姆却从各个方面充实自己，一点点地超越着自我，最终成就了非凡的业绩。

约翰愤愤不平，以至郁郁而终。他的灵魂飞到了天堂后，质问上帝："我的聪明才智远远超过了汤姆，我应该比他更伟大才是，可为什么你却让他成了人间的卓越者呢？"上帝笑了笑说："可怜的约翰啊，你至死都没能弄明白：我把每个人送到世上时，在他生命的'褡裢'里都放了同样的东西，只不过我把你的聪明放到了'褡裢'的前面，你因为看到或是触摸到自己的聪明而沾沾自喜，以致误了你的终生。而汤姆的聪明却放在了'褡裢'的后面，他因看不到自己的聪明，总是在仰头看着前方，所以，他一生都在不自觉地迈步向前！"

事实确实如此，在人生的道路上，你停步不前，但有人却在拼命赶路。也许当你站立的时候，他还在你的后面向前追赶，但当你再一回望时，已看不到他的身影了，因为，他已经跑到你的前面了，现在需要你来追赶他了。所以，你不能停步，你要不断向前，不断超越。这样做的结果就是使自己不断进步。

[不放走 一秒钟]

也许你腰缠万贯，也许你一贫如洗，但有一样东西是无论谁都拥有的，那就是时间。虽然说时间不嫌贫爱富，但它也不会永远为谁停留，它给每个人的都一样多，而且，该走的时候，它会义无反顾地离开，没有任何回头的余地。在与哈佛学子的交谈中，我听到了这样一则关于时间的寓言。

曾经，有一个富人，名叫时间。他拥有无数的家禽和牲口，他的土地无边无际，他的田里物产富饶，他的大箱子里塞满了各种宝物，他的谷仓里装满了粮食。

这个富人拥有这么多的财产，连国外的人也知道了，于是，各国商人远道而来，随同的还有舞蹈家、歌手、演员。各国派遣使者来，只是为了要看一看这位富人，回国后就可以对百姓说，这个富人怎么生活，样子是怎样的。富人把牛、羊、衣服送给穷人，于是人们说世界上没有一个人比他更慷慨了，还说，没有看见过时间富人的人就等于没有生活过。

又过了很多年，有一个部落准备派出使者去向富人问好。临行前，部落的人对使者说："你们到时间富人的国家去，要想法见到他。你们回来时，要让我们知道，他是否像传说中的那么富有，那么慷慨。"使者们走了好多天，才到达了富人居住的国家。

在城郊，他们遇到了一个瘦瘦的、衣衫褴褛的老头。使者问："这里有没有一个时间富人？如果有，请您告诉我们，他住在哪里？"老人忧郁地回答："有的。时间就住在这里，你进城去，人们会告诉你的。"

使者进了城，向市民们问了好，说："我们来看时间，他的声名也传到了我们部落，我们很想看看这位神奇的人，准备回去后告诉同胞。"正当使者说这话的时候，一个老乞丐慢慢地走到他们面前。这时有人说："他就是时间！就是你们要找的那个人！"使者看了看又瘦又老、衣衫褴褛的老乞丐，简直不相信自己的眼睛。"难道这个人就是传说中的名人吗？"他们问道。"是的，我就是时间，我现在变成不幸的人了。"老头说，"过去我是最富的人，现在是世界上最穷的人。"使者点点头说："是啊，生活常常这样，但我们怎么对同胞说呢？"老头想了想，答道："你们回到家里，见到同胞，对他们说：'记住，时间已不是过去那个样子了！'"

人们常把时间比作流水，说它匆匆流过，一去不复返。的确，时间就是在流逝，在你不经意间从你的面前消失。你若有心抓住，它就能为你服务。如果你对其视而不见，任其流逝，那你最终什么也得不到。

正因为时间在流逝，所以我们每个人都要把握住拥有的每一分钟。我们要在有限的时间内，做出有效率的事情。我们要不断学习，不断锻炼，让自己的能力再提高一步；我们要感到时间的紧迫和生命的短暂，要让每一分每一秒都过得有价值。

哈佛的学生对于时间是极为重视的。他们从一入校，就接受了时间管理的理念，在他们的生活中，无论是学习还是做事，都以效率为先，从不肯让时间白白流走。在他们的头脑中，接受的是这样一种思想：时间对于人类的意义，取决于我们怎样合理和充分地利用它。对于智者来说，它是伟大的祝福，它能使智者的生命和精神走向永恒；对于愚者来讲，它是无穷的祸患，给愚者留下的是绵绵无尽的悔恨和无可挽回的损失。因此，他们认为，凡是有理想、有大志的人都能很好地把握时间，让时间的效用得到最大发挥。他们经常谈到威尔逊的例子并以他为榜样。

美国副总统亨利·威尔逊出生在一个贫苦的家庭，当他还在摇篮里牙牙学语的时候，贫穷就已经向他露出了狰狞的面孔。威尔逊在10岁的时候就离开了家，在外面当了11年的学徒工，每年只能接受一个月的学校教育。

但是，即便是在如此艰难的条件下，威尔逊也坚持读书学习。他节省每一个硬币，除了必要的生活开销，剩下的钱都用来买书。他还抓紧一切机会来学习，只要有可能，他就不放弃学习。

就这样，在他21岁之前，他已经设法读了1000本好书——这对一个农场里的孩子来说，并不是件容易的事。在离开农场之后，他徒步到100英里之外的马萨诸塞州的内蒂克去学习皮匠手艺。他风尘仆仆地经过了波士顿，在那里他看到了邦克希尔纪念碑和其他历史名胜。

在他度过了21岁生日后的第一个月，就带着一队人马进入了人迹罕至的大森林，在那里采伐圆木。威尔逊每天都是在天际的第一抹曙光出现之前起床，然后就一直辛勤地工作到星星出来为止。

无论身处怎样艰苦的环境，威尔逊先生都一直在告诉自己，不让任何一个发展自我、提升自我的机会溜走。的确，很少有人能像他一样深刻地理解闲暇时光的价值。他像抓住黄金一样紧紧地抓住了零星的时间，不让一分一秒无所作为地从指缝间白白流走，最终他取得了辉煌的成就。

所以说，在时间飞逝的时候，我们一定要充分利用生活中的闲暇时光，不要让任何一个发展自我的机会溜走。要记住哈佛的教诲：时间不会等着你，只有珍惜时间的人才能处处都取得主动地位。

第五章

做人生的探路者，
而不是模仿者

个性在于
打破常规

哈佛智慧告诉我们：灵活的思维和机智独特的头脑是抢得先机的必要条件。

下面故事中的青年和其他人相比，仅仅多了对事情的独特感觉和认识。但就是因为他具有这种灵活的思维和对事物的独特见解，想法永远比别人快一步，所以他才没有平庸。

两个年轻人一起开山，一个人把石块打碎送到路边，卖给建房的人，一个直接把石块运到码头，卖给杭州花鸟商人。因为这的石头是奇形怪状的，他认为卖重量不如卖造型。三年后，他成为村里第一个盖瓦房的人。

后来不许开山了，只许种树，于是这里成了果园。每到秋天，漫山遍野的鸭梨招来八方客商，他们把堆积如山的鸭梨成筐的运往北京、上海，然后出口日本、韩国。因为这的鸭梨，汁浓肉厚，口味淳正无比，就在村里人为鸭梨带来的小康日子欢呼跳跃的时候，曾经因为卖石头而第一个盖瓦房的那个人，卖掉了他的梨树开始种柳。因为他发现，来这的客商不愁挑不到好梨子，只愁买不到盛梨子的筐。五年后，他成为村里第一个在城里买房子的人。

后来，一条铁路从这贯穿南北，人们在这里上车后可以北到北京，南抵九龙。小村对外开放，果农也从单一的卖水果开始转而谈论果品加工及市场开发。就在一些人开始集资办厂的时候，这个人又在他的地头砌了一垛3米高、百米长的大墙。这垛墙面向铁路，背依翠柳，两旁是一望无际的万亩梨园。坐火车经过这的人。在欣赏盛开的梨花的时，会突然看见四个大字：可口可乐。

据说这是五百里范围内唯一的一个广告。那垛墙的主人凭这垛墙每年赚4万的额外收入。

20世纪90年代末，一个外国富商来华考察，当他坐上火车的路过这个小山村时，听到这个故事，他被主人公罕见的商业头脑所震惊，当即决定寻找这个人。

当富商找到这个人的时候，他正在自己的店门口和对面的店主吵架，因为他店里的一套西装标价800元的时候，同样的西装对门标价750元，他标价750元的时候，对门就标价700元。一月下来，他仅批发出8套西装，而对门却批发出800套。

富商看到这种情形。非常失望，以为自己被讲故事的人欺骗了。当他弄清楚真相之后，立即决定以百万年薪聘请这个人，因为对门的那个店也是这个人开的。

这样的头脑才叫商业头脑，就是脑瓜子永远比别人转的快一步，想法永远比别人新一些，目光永远比别人远一程，胆子永远比别人大一点。想得到别人得不到的东西，就得付出别人不愿付出的东西。

可以说，善出奇者，就能做到别人不能做到的事情，这与他具有独特的见解分不开，这种人不仅具有独特意识，而且还善于打破常规，充分展示个人魅力。人们往往把这种人称为与众不同的人或者有个性的人。他们的"以奇制胜"，主要表现为对事物看法和认识具有独特之处。

如果想拥有与众不同的人生，就要有打破常规的气魄和个性思维。不论是学习模式、思考方式，还是生活习惯，都要标新立异，说人所不能说、没有说过的话，做人所不能做、不敢做和没有做过的事。要学会从不同角度看问题。

拥有对事物的独特眼光，才能有与众不同的收获。青少年凡事要有自己的看法和见解，从身边的小事做起，多给自己一些思考的时间，学会换位思考，别盲从别人。慢慢地，你就会发现自己身上的奇妙变化了。

现代社会竞争日益激烈，灵活的思维和机智的头脑是抢得先机的必要条件。做任何事情，都不能画地为牢，墨守成规；要学会创意出击，出奇制胜。如果你的思维和想法永远能比别人快一步，哪怕是微小的半步，就能占领制高点，成为赢家。

重要的是你必须有与众不同的想法，才能有与众不同的收获。试想，万绿丛中一点红，那红不就格外的突出和娇艳吗？

始终比别人快一步

毕业于哈佛大学的比尔·盖茨，在微软公司中，经常告诫他的员工们："现在是互联网时代，不是大鱼吃小鱼，而是快鱼吃慢鱼。你比别人快，才能在竞争中赢得机会。"比尔·盖茨成天赶着他们工作，时间要求得非常严格。他仿佛成了只会催促"快点！快点"的"魔鬼"。

比尔·盖茨知道，现代商场的竞争就是"快鱼吃慢鱼"。先行一步，在大家尚未意识到时就投入到一种生意中，就能饮得"头啖汤"，狠狠地赚一把。用头脑去创商机远比跟在别人后面捡钱要快得多。

谁快谁就赢，谁快谁生存，这是自然界的生存法则，这在现代社会、现代职场同样适用。在现代职场中，不管你多优秀，如果你不会管理时间，不会抓紧每分每秒，不能比别人更快，就有可能遭遇失败，就会让比你"快"的对手吃掉。

竞争的实质，就是在最短的时间内做出最好的东西。人生最大的成功，就是在最短的时间内达成最多的目标。

强子毕业于国内一所名牌农业大学。毕业时，他的家人托关系将他安排进了一家农产品外贸公司，可强子却拒绝了安排，说是要凭自己的能力开创出一番事业来。

强子的想法很令人诧异，他想承包土地种植花卉。家人听说儿子有这样的怪诞念头，极力阻止，但强子主意已定，家人只好让步。家人自然有反对的道理，因为在那时，花卉在当地没多大市场，除了一些机关单位，没有什么人会买这些中看不中用的东西。大家也对强子冷嘲热讽，但强子不管这些，他有他自己的想法。

创业之路艰辛而漫长，强子在花卉种植上花了不少心血，花卉长势喜人，可起初销售形势并不乐观。但令人惊喜的是，由于那几年县城里的商品房销售很火，许多搬入县城的人，也注意起自己的生活品质，打扮起自己的居室来。很快，强子的那些花卉也变得奇货可居，竟一下子卖了个很好的价钱。当别人问强子怎么有这种先见之明时，强子笑着说，他当时种植花卉之前就有一种预感，因为这几年县城里在大力发展商品房，便想到了花卉的市场肯定比较好。

后来，令大家不明白的是，强子赚了人生的第一桶金后，并没有扩大花卉种植规模，却搞起了行道树的种植。种树比种花更有风险，因为树木成长需要花几年的时间。当大家都被强子的做法弄得一头雾水时，强子笑着告诉大家，成不成功等这树长高了再说。

强子的心血又没有白费。没几年，由于县城里新修了许多马路，急需行道树，强子又狠狠地赚了一笔。强子透露的秘密是，他认为城市的规模肯定要扩大，而要扩大城市规模肯定是修路先行，而行道树是必不可少的。

中国有句俗语："一步赶不上，步步赶不上。"起跑领先一小步，人生领先一大步。在竞争激烈的时代，要如何在同辈之间脱颖而出？其方法就是比别人快一步，抢占先机，赢得成功。

现实生活中，人人都想成功，为什么有些人总是错过成功的机会？原因是"行动"被"拖延"偷走了。拖延是个专偷行动的"贼"，它在偷窃你的行动时，常常给你构筑一个"舒适区"，让你早上躺在床上不想起来，起床后什么也不想干，能拖到明天的事今天不做，能推给别人的事自己不干，不懂的事不想懂，不会做的事不想学。它让你的思想行动停留在这个"舒适区"里，对任何主动的思想行动，都觉得不舒服，不习惯。这个"贼"能偷走人的行动，同时也能偷走人的希望、人的健康、人的成功。

所以，当你准备做一件事时，"拖延"这个"贼"会对你说："明天再干吧！"这时，你要马上提醒自己："今天能做的事，绝不能拖延到明天。因为这个'明天'遥遥无期，会变成明天的明天，永远不会来临。"

当你面临困难和挫折时，"拖延"这个"贼"会找出许多理由让你停下来。这时，你要马上提醒自己："成功不会等任何人，我如果犹豫不决，她就会永远弃我而去。"

当别人埋头苦干时，这个"贼"会引诱你袖手旁观，吹毛求疵。这时，你要提醒自己："立即行动，马上动手，绝不用评说别人来掩饰自己的无所作为。"因为，新经济时代，是以"快"赢得天下的时代。

在职场，竞争就是时间的竞争，快就是机会！快就是效率！任何领先都是时间的领先！

突破一成不变的
思维定式

　　哈佛教授告诉学生：哈佛要的是不同的学生！不是相同！死板教育下的产物全是一个样子，但是哈佛学生自由发展，形成自己的思维个性和独特的创新思维能力，成为他自己的样子。

　　思维是人类最为本质的特征，是人一切活动的源头，也是创新的源头。有了创新思维才能开始创新活动，有了创新活动才能产生创新成果。一个人的思维能力总体处于发展、变化的趋势中，但也会存在一种相对稳定的状态，这种状态是由一系列的思维定式所构成，由一系列思维定式的品质所表现。

　　有位警察到森林打猎，他在野兽经常出没的地方隐蔽起来。忽然，一只鹿跑了出来，这位警察立即跳过灌木丛，朝天开一枪，并大喊"站住，我是警察！"这就是思维定式。

　　人们在一定的环境中工作和生活，久而久之就会形成一种固定的思维模式，我们称之为思维定式或惯性思维。它使人们习惯于从固定的角度来观察、思考事物，以固定的方式来接受事物，是创新思维的天敌。

　　人人都有惯性思维，爱用常用的方式思考，善用常用的行为方式处世，久而久之，就养成了根深蒂固的惯性思维。

　　一个化学实验室里，一位实验员正在向一个大玻璃水槽里注水，水流很急，不一会儿就灌得差不多了。于是，那位实验员去关水龙头，可万万没有想到的是水龙头坏了，怎么也关不住。如果再过半分钟，水就会溢出水槽，流到工作台上。水如果浸到工作台上的仪器，便会立即引起爆裂，里面正在起着化学反应的药品，一遇到空气就会突然燃烧，几秒钟之内就能让整个实验室变成一片火海。实验员们面对这一可怕情景，惊恐万分，他们知道谁也不可能从这个实验室里逃出去。那位实验员一边去堵住水嘴，一边绝望地大声叫喊起来。这时，实验室里一片沉寂，死神正一步一步地向他们靠近。就在这时，只听"叭"地一声，大家只见在一旁工作的一位女实验员，将手中捣药用的瓷研杵猛地投进玻璃水槽里，将水槽底部砸开一个大洞，水直泻而下，实验室里一下转危为安。

在后来的表彰大会上，人们问她，在那千钧一发之际，怎么能够想到这样做呢？这位女实验员只是淡淡地一笑，说道："当我们在上小学的时候，就已经学过了这篇课文，我只不过是重复地做一遍罢了。"

这个女实验员用了一个最简单的办法来避免了一场灾难。《司马光砸缸》我们都学过，其实这个"缸"就可以看作我们的惯性思维，很多时候我们对很多机会视而不见，只因我们被自身的惯性思维束缚住了，这个时候唯有打破它，才能放飞我们的思维，进入一个新天地。

在生活中，有很多人会被固有的思维习惯困住。比如有一道题目是："雪化了，变成了什么？"有很多同学回答："雪化了，变成了水和泥。"因为这是标准答案。一名学生这样回答："雪化了，变成了春天。"试想一下，哪种回答更能打动你呢？很多人的个性思维被标准答案给无情的抹杀了，真是可悲可叹啊！

比如，一头大象能用鼻子轻松地将一吨重的物品抬起来，但在平时我们看到力大无比的大象却安静地拴在一根小木桩上。因为大象从小就习惯了小木桩的束缚，长大后也不敢有反抗的念头。

其实，只要自己认清自己，并从兴趣出发，不断地积极学习新事物，随时调整自己的思维方式，不为经验所左右，才能不断地进步。但创新是一个艰难的过程，艰难之处就在于要打破原有思维的限制和束缚。

蛹看着美丽的蝴蝶在花丛中飞舞，非常羡慕，就问："我能不能像你一样在阳光下自由地飞舞？"

蝴蝶告诉它："第一，你必须渴望飞翔；第二，你必须有脱离你那非常安全、非常温暖的巢穴的勇气。"

蛹就问蝶："这是不是就意味着死亡？"

蝶告诉它："从蛹的生命意义上说，你已经死亡了；从蝴蝶的生命意义上说，你又获得了新生。"

这个寓言讲的是一个关于生命升华的道理。用它来比喻生活，是非常合适的。生活需要创新，有时就不得不进行"破坏"，甚至破坏你自己亲手建造起来的大厦，只有这样，才能打破旧有的思维方式，取得更好的发展。

敢于尝试
才会有新的发现

人生需要尝试，只有通过尝试，你才能找到快乐幸福的价值。

毕业于哈佛的罗斯，一直记得教授对他说的话：你要敢于在众人面前坚持自己，突破常规，这需要勇气和魄力。但唯有如此，你才能破茧而出。

尝试，是一种心跳的感觉，是对未知领域的神奇探索，是让人思考的求知过程，是一种品味人生的体验与快慰。

人生犹如一座遥远的灯塔。不敢在黑暗中尝试航行的人，就会在人生的道路上迷失航向，永远也不会到达成功的光明彼岸。

有一个农民，当地人都说他很聪明。因为他爱动脑筋，所以常常花费很少的力气，获得更大的收益。秋天收获洋葱后，为了卖个好价钱，大家都先把洋葱按个头分成大、中、小三类，每人都起早摸黑地干，希望快点把洋葱运到城里赶早上市。而这个农民却与众不同，他根本不做分拣洋葱的工作，

而是直接把洋葱装进麻袋里运走。他在向城里运洋葱时，没有走一般人都经过的平坦公路，而是载着装洋葱的麻袋，走一条颠簸不平的山路。这样一路下来，因为车子的不断颠簸，小的洋葱就落到麻袋的最底部，而大的就留在了上面，卖的时候大小就能够分开了。这样，他的洋葱总是最早上市，因此，他每次赚的钱都比别人多。

在创新的过程之中，知识的贫穷并不可怕，可怕的是想象力的贫乏。爱因斯坦说："想象力比知识更重要。"可以这样说，人的一切发明与创造都

源于想象力。充分展开你的想象，才能有与众不同的想法，才能有与众不同的收获。

格兰特将军在作战时，不按照军事学书本上的战争先例，被其他人耻笑，然而结束美国南北战争的人是他。拿破仑在横扫欧洲时，不拘泥于先前的战法，创造出新的战术，被称为"奇迹的创造者"。有毅力、有创造精神的人，总是先例的破坏者。对于罗斯福总统，白宫的先例、政治的习惯，全都失去效力。他总坚持着"做他自己"，坚持自行其是。他的惊人的力量大半从这点上得来的。

杰出人士总是朝光明前进。他们的心胸是开阔的。对于一件事，他们不管以前是否有人做过与别人是怎样做的，他们只是做着他们的事。现代社会的进步，就是从古到今不断淘汰不适用的机器、陈腐的思想、愚笨的偏见与不适用的制度和方法的结果。

突破常规、跳出惯有的思维，想别人所不想，干别人所不干。这个世界上，你自己的创新就是成功之门。

其实，在现实生活中，往往事情远没有你一开始时坐在那里想的那么可怕。尝试的后果，不是生命的消失，而是新的生命的诞生。

当我们奏响人生的前奏曲，我们就开始写事业的奋斗篇章。然而，奋斗有许多层次，其中第一条，就是尝试，第二条就是竞争，第三条就是合格，第四条就是搏杀。如果尝试一下都不愿意，那么人生奋斗也就无从谈起，只能做梦。

在现实生活中我们会发觉"看着黑"，但是走下去"未必如此"，往往是走到黑暗"近"处的时候，就会发现，原来并不太黑，甚至根本就是"亮"的。这不仅是自然界的一种情形，在人的事业、爱情、家庭、金钱和人际关系等等方面也是如此。坐在那里想，越想越可怕，坐在那里看，越看越黑暗。如果我们能够尝试着向前走，不畏艰难和黑暗去进行尝试，我们就会发现，其实并没有什么可怕的问题。这就像小孩子吃奶一样，先尝一下，然后，确认了——再猛吸，人生的一切领域，都可以去"尝试"，绝不要单纯去"想"、去"等"、去"盼"，不试怎么知道？已经是极限了——试过了吗？没有——那你怎么知道是极限！那时，或许你就错过了"机遇"。另外，任何事物都是从"量变到质变"，尝试就是"探量"，在量上做文章，而且量也是在积累的，随着这种积累的增加，才能达到质变，事情或许会出现转机。有点希望，就继续干。

但现实生活中的很多人惧怕尝试，一味地安于现状，迷信既有的东西，这样只能是止步不前。如果不去尝试，人生会出现太多的空白，我们也永远不会知道答案。

尝试其实是一种挑战，挑战一切不可能和不知道。人非生而知之者，孰能无惑？生活中不可避免有很多的困惑，有的人望而生畏，退避三舍，永远找不到隐匿着的答案，生活在自我欺骗当中；有的人敢于挑战，在经历了尝试后，终于接近甚至揭开了真相，受益无穷。

尝试是一种积极的人生态度。懂得尝试的人会觉得生活每天都充满着新奇与挑战。尝试是美德，只有那些能在尝试中品味人生的人才会明白人生的意义。

快乐人生需要尝试，幸福人生需要尝试，积极人生更需要尝试。让我们勇敢地面对明天，做一个敢于尝试的勇者。

没有创新，
你永远也拿不到冠军

哈佛大学第21任校长艾略特说："人类的希望取决于那些知识先驱者的思维，他们所思考的事情可能超过一般人几年、几十年甚至几个世纪。"思考是人存在的表征，独立思考是人成才的前提。哈佛培养出来的学生，首先就是具有思考能力和创新能力的人。

创新是以新思维、新发明和新描述为特征的一种概念化过程。起源于拉丁语，它原来有三层含义：第一，更新；第二，创造新的东西；第三，改变。创新是人类特有的认识能力和实践能力，是人类主观能动性的高级表现形式，是推动民族进步和社会发展的不竭动力。

创新是人类的一种本能；创新是社会进步、科技发展的动力；创新是每个人人生的必由之路；创新是每个人取得成功的捷径。无论将来你从事什么工作，创新始终是你工作的重心。

微软最年轻的经理李万钧，1998年计算机本科毕业时，放弃了考研和出国，选择进入了名气很大、对他又有吸引力的软件行业的老大——微软公司作为走向社会的第一步。而今6年过去了，回头看他当时的选择，丝毫不逊于考研或出国：工作两年后，年仅24岁的他就被提拔为微软历史上最年轻的中层经理，2002年他更因在上海技术中心出色的工作表现而调到美国总部，任高级财务分析师。

初进微软时，李万钧虽只是技术支持中心一名普通的工程师，但他非常想干好毕业后的这第一份工作。当时经理考核他的标准是每个月完成了多少任务，解决了多少客户的问题，花了多少时间在客户身上，这些都记录在公司的报表系统每月给他出的"成绩单"上。每月得到这个"成绩单"时，李万钧才会知道自己上个月做得怎么样，在整个队伍里处于什么样的水平。他想，如果可以比较快地得到"成绩单"报表，从数据库内部推进到每天都有一个报表，从经理的角度，岂不是可以更好地调配和督促员工？而从员工的角度，岂不是会更快地得到促进和看到进步？与此同时，他还了解到现行的月报表系统有另外一些缺陷：当时上海技术支持中心只有三四十人，如果遇到新产品发布等原因，业务量突然增大或者一两个员工请病假，很多工作就会被耽误甚至直接接到客户投诉。这两方面都让李万钧觉得中心要有更快速反应的报表系统，而当时使用的报表系统是从美国微软照搬过来的，微软在美国有3000名工程师，即使业务量突然增大或有十来名员工请病假也没什么原则上的大问题。意识到这些问题后，李万钧花了一个周末的时间用ASP——微软服务器上的一种脚本写了一个具有他所期望的基础功能的报表小程序，并在唐骏经过工作区时展示了一下这个小程序。唐骏马上认识到这些想法和小程序的价值，他鼓励李万钧完成并花了很多时间与他探讨希望看到哪些数据。一个月后，李万钧的"业余作品"——基于WEB内部网页上的报表系统投入了使用，取代了原来从美国照搬过来的EXCEL报表。

李万钧设计的报表在使用中确实达到了预期的激励员工的效果，不过后来这套报表系统所起到的作用远不止于此。1999年、2000年两年，业余时间里，李万钧每个月都不断新增报表系统的功能。这套系统的应用范围不断扩大，后来，这个系统在欧洲也得到了采用。

由于在报表系统上出色的创新性工作，2000年，唐骏将一个重要的升迁机会给了李万钧。

生活中，成功的人都是相当灵活的人。他们接纳新思想，并且在局势发生变化的时候，会及时调整自己的做法。每次推出一种新的产品或服务的时候，他们就已经开始致力于新的替代品开发了。成功的公司和他们的领导者们不允许让已有的成功压制创新的动力，以保持一种永不停息的赛跑状态，从而超越自我。

创新的智慧是一笔巨大的资产。很多时候，停滞不前是因为墨守成规，以至于无法适应变化。有的人，常常是昨天已经过去，早晨起来满脑子里还都是旧的想法。

我们需要经常自我反省，看看自己脑子的一部分是不是已经睡着了。当一个人认为他已经被生活固定住了的时候，他就相当危险了。因为，这暗示着，随着时代车轮的前进，下一次颠簸就可能会把他摔下来。

当一个人穷思竭虑地要找出富有创意的方法来解决问题时，最好的机会也将随之而来。他将会因为不断地进行自我锻炼，可以渡过许多难关，而且将来面临更大的挑战时，也能完全自控。就如同老橡树一样，只有被迫去挣扎奋斗之后，才能更加强壮。

在一双未受训练的眼睛看来，水晶矿石不过是一块普通的石头，只有善于发现的人，才能看出在矿石的内部有着美丽的水晶。那些因为闭塞的心理而拒绝做新尝试的人，将错失生命中最好的机会，因为他们就如同晶矿一般，通常藏在不起眼的外表之下。

财富已经成为这个时代的最强音符，而要创造财富、把握财富，靠的正是创新的智慧。

如今，有广阔的天地在等待我们开发，我们可能会有很多了不起的发现，还可能找到与众不同的生活步调与模式。我们能适应的东西有很多，我们能突破的成见有很多，我们能看到的世界可以无限宽广。

即使模仿，也要尝试超越

哈佛教授告诉我们：创造性模仿不是人云亦云，而是超越和再创造。

模仿并不令人感到羞耻，每个人从娘胎里出来就是从模仿开始，然后长大成人，学会了自立，有人说：模仿是原始积累阶段必不可少的一个课程。

有位哲人说："这个世界上没有发现，只有找到，因为你发现的东西早已存在，你只不过是找到它罢了。"台湾地区巨富辜振甫出身于富商家庭，但他年轻时隐姓埋名，只身去了日本，从公司最基层的员工干起，学习日本企业的管理经验，为日后管理家族生意打下了基础。比尔·盖茨在华盛顿大学商学院的演讲中曾对学生建议："我不认为你们有必要在创业阶段开办自己的公司。为一家公司工作并学习他们如何做事，会令你受益匪浅"。

模仿是一种学习，创新也是一种学习，学习允许模仿，但更需要创新。

美国有个叫杰福斯的牧童，他的工作是每天把羊群赶到牧场，并监视羊群不越过牧场的铁丝到相邻的菜园里吃菜就行了。

有一天，小杰福斯在牧场上不知不觉睡着了。不知过了多久，他被一阵怒骂声惊醒了。只见老板怒目圆睁，大声吼道："你这个没用的东西，菜园被羊群搅得一塌糊涂，你还在这里睡大觉！"

小杰福斯吓得面如土色，不敢回话。

这件事发生后，机灵的小杰福斯就想，怎样才能使羊群不再越过铁丝栅栏呢？他发现，那片有玫瑰花的地方，并没有更牢固的铁栅栏，但羊群从不过去，因为羊群怕玫瑰花的刺。"有了，"小杰福斯高兴地跳了起来，"如果在铁丝上加一些刺，就可以挡住羊群了。"

于是，他先将铁丝剪成5厘米左右的小段，然后把它粘在铁丝上当刺。粘好之后，他再放羊的时候，发现羊群起初也试图越过铁丝网去菜园，但每次都被刺疼，惊恐地缩了回来，被多次刺疼之后，羊群再也不敢越过栅栏了。

小杰福斯成功了。

半年后，他申请了这项专利，并获批准。后来，这种带刺的铁丝网便风行世界。

杰福斯靠模仿打出了自己的一片天地，但模仿与创造并不是对立的。一个人要进行创造常常甚至必须从模仿开始。许多人把模仿看成创造的对立面，看成是水火不相容的两个方面，这是一种很严重的误解。一生没有创造的人是很多的，但一生没有模仿的人几乎没有。

小到生活起居、语言行为，大到科学创新，模仿比比皆是。德国著名哲学家、哲学史家恩斯特·卡西尔在《论人——人类文化哲学导论》一书中对模仿的价值有精彩论述。他说："语言发生于对声音的模仿，艺术则源于对外在事物的模仿。模仿是人性的一个本能，一个不可抹去的事实。亚里士多德说：'从孩提时起，模仿对人而言就是自然的，和较低等的动物相比，他是世界上最善模仿的动物，并且最初是通过模仿而学习。'同时模仿也是一种不可穷尽的欢愉之源……"问题在于模仿什么，怎样模仿，在模仿的过程中要具有什么样的心态。

这也就是为什么模仿的人多而创造的人却很少的原因。因为多数人在模仿中缺少一种超越的意识，将模仿当成目的，以为模仿得越逼真越好，只要模仿得逼真就满足了。正是这种观念束缚了我们的创造。

其实，模仿是创造的起始，从这个意义上说，没有模仿就没有创造，创造始于模仿。再有，模仿者不能将模仿看成目的，而应视作手段。如果将模仿当成目的，模仿就会成为创造的障碍；如果将模仿仅仅作为手段，时刻怀有一种超越的心态，那迟早都会走上独立创造之路。模仿是走上创造之路的拐杖。

创新不是要否定模仿，"站在巨人的肩膀上可以看得更远"；模仿也不是就没有创新，从某种意义上说，"成功的模仿就是一种自我创新"。

享受尝试中的失败

哈佛成功金言中有这样一句话：不因一时的挫折停止尝试的人，永远不会失败。

人生旅途上，每个人都扮演着不同的角色，只要你努力，勇于尝试，就会尝到专属于它的酸甜苦辣。人生难免有挫折，只要你跨过这道坎，你的人生角色，甚至命运就会改变。

尝试，虽磨砺人，但也成就人。爱迪生因尝试而享有"发明大王"的美誉；贝多芬因尝试苦难，谱写出了震撼人们心灵的《第九交响曲》……勇于尝试，勇于跨越，才能驾驭人生、改变命运。没有人一生都是一帆风顺的，任何人都会碰上磨难，勇于尝试才能获得成功。

灯泡的发明者爱迪生为了找到一种合适的材料作灯丝，竟不屈不饶地进行了8000多次尝试。试验初期，他找了1600种耐热材料，反复试验了近2000次，结果发现只有白金较为合适，但白金比黄金还贵重些，也就是说实验失败了。面对这样的失败，一般的人肯定会选择放弃，然而他没有，而是继续尝试着从植物中发掘理想的灯丝材料，先后又尝试了6000多种植物。通过不断地尝试，爱迪生最终获得了巨大的成功，给人类带来了"光明"。这"光明"之光，与其说是电之光，还不如说是勇于尝试的精神之光。他所取得的一千多项发明成果中，没有哪一项不是不断尝试的结晶。

"一次尝试，就有一次收获"，他的这句话正道出了他的成功秘诀。

试想，如果不是爱迪生勇于尝试，那他也不会成功。由此可见，勇于尝试的精神多么重要！

纵观古今，凡是成功的人，他们无不具有勇于尝试的精神。有这样一个故事：许多的啤酒商家都知道，要想打开比利时首都布鲁塞尔的啤酒市场很困难。

当时的哈罗啤酒厂的市场份额在逐步减少，而啤酒厂没有钱，所以无法在电视或报纸上做广告。即便销售员林达曾多次建议厂长做些广告，但都被厂长断然拒绝了。后来，林达决定冒险自己去做这个事情，于是他向别人贷款把这个啤酒厂的销售工作承包了下来。然而怎样打开市场局面，如何来做广告却成了林达的一块心病。就在他徘徊于布鲁塞尔市中心的于连广场时，他不经意间看到了广场中心有一个撒尿的男孩用自己的尿浇灭了敌人炸城的导火线而挽救了这个城市，这个男孩就是小英雄于连。林达豁然开朗，他突然有了一个想法，他决定自己要做一件别人从未做过的事情。

第二天一早，广场上的人们发现于连雕像的尿由水变成了金黄剔透、泡沫泛起的"哈罗"啤酒。旁边还立着一块写着"哈罗啤酒免费品尝"的广告牌。如此创新的事情，立刻传遍全市，只见市区四面八方的老百姓都聚集于此，他们拿着自己的瓶瓶罐罐来接啤酒喝。各大媒体也争先恐后地报道这一奇观。

当年，这个厂的啤酒销量一下了增长了近20倍。这个叫林达的小伙子轰动了整个欧洲，成了闻名布鲁塞尔的销售专家。

可以说，林达的成功在于他那独特的广告创意。他做了一件别人没有做过的事。

生活中，要给自己一点勇气，勇于踏入那些别人未涉足的领域，有一个最大的好处就是没有竞争者，只要你能克服这一领域的本身障碍就基本上算是成功了，因为未涉足的领域没有别人设下的陷阱，也用不着担心别人乘虚而入，你可以从容而踏实地做事，一直到你所做的事情成功。

尝试，使胆小者萎缩乖戾，使强者顽强坚韧。经历一次尝试，就是经历一次演练、经历一次登高。平时我们在工作中，如果任何事都不敢尝试，就犹如爬山永远在山脚下徘徊空转。然而你要是努力向上、勇于尝试，山巅美丽迷人的风景在向你招手。是尝试使人体味了人生之艰辛，从而坚定执着、勤奋；是尝试使人品味到成功的喜悦和幸福的滋味；也是尝试，使人明白了每个希望成功的人都应做好吃苦受难的准备。

没有尝试，就会显露人生的肤浅苍白；离开尝试，就意味着没有了思想之源。因为尝试，才迫人思考，才使人明智，才会有所发现。只有明智而又富有发现创新精神的人，人生才会精彩，生命才会不同凡响。

其实，尝试就是开拓。鲁迅先生曾经说过，其实地上本没有路，走的人多了，也便成了路。所以他十分赞赏"第一个吃螃蟹的人"，那些人是在人类前进道路上披荆斩棘的人。

有人可能认为只有搞科学发明才需要大胆尝试，其他方面用不着。这种看法不对。如果说任何一个领域都需要创新和开拓，那么就意味着任何一个领域都需要人们去大胆尝试。人不光靠成就显示自身价值，尝试也能体现自身价值。经过尝试，我们会发现自己具有取之不竭的智力潜能，会发现生命中潜藏着许多连自己也无法想象的能力。如果不去尝试，这些能力永远也没有机会大放异彩。尝试，是铸造卓越与杰出人生的一种方式，是事业成功的一条重要途径。

成功要有冒险精神

哈佛告诉学生：没有冒险就没有机遇，没有机遇就很难成功。人生就是一场搏击，就是一连串的冒险。没有冒险，我们就不会长大。

哲学家布里丹曾讲过一头驴子的故事：驴子在两堆距离同样远近，外观同样大小，味道同样诱人的干草中间，不知道选吃哪一堆才好，最终因为无法取舍而饿死，这头驴子实在是自寻苦恼。如果驴子想知道哪堆的味道更好一些，那每样都去尝试一下不就行了。在人生当中，当你面对保守和冒险的两堆干草时，请做出你的选择来，不要让你的心灵活活饿死。而所谓的冒险精神也正是如此，敢于做出尝试，并且在尝试的道路上不断修正。

中国有句古话叫作："舍不得孩子，套不住狼。"不冒一点风险又怎能稳稳当当地把事情办好呢？风险可能会导致你失败，但如果你能化险为夷，那么你获得的回报率将远远比不冒风险做事所取得的回报率高得多。瑞典化学家诺贝尔为了完成炸药的发明，在死亡的威胁下，冒着生命危险去研究烈性炸药。

诺贝尔的课题是寻找一种既方便又安全的引爆装置。从1862年夏天一直到1866年秋天，他都在冒着危险进行着各种各样的实验。诺贝尔的一次实验是进行雷酸汞引爆硝化甘油实验。他亲手点燃导火索后，心在怦怦跳动，突然，轰隆一声巨响，天崩地裂，炸药爆炸了。实验室里的柜子、桌子都被抛得远远的，玻璃杯、烧杯都被炸得粉碎。许多人闻声赶来，惊慌地叫"爆炸了！""爆炸了，炸药爆炸了。""诺贝尔完了！""诺贝尔完了！"不一会儿，只见诺贝尔从烟雾中爬出来，满身尘土，鲜血淋漓，用尽全身力量跳了起来，嘴里狂呼"我成功了！我成功了"！他顾不上住院养伤，马上研究用金属管装上雷酸汞。终于发明了雷酸汞管，即通常所说的"雷管"。直到今天，火药、炮弹和炸药中都少不了雷管。

制造炸药简直在与死神打交道。1864年，诺贝尔的弟弟和许多工人遇难，老父亲因悲伤过度得了半身不遂。周围人对炸药试验都十分害怕，纷纷向政府控告。内外交困的诺贝尔没有被压垮，他擦干血迹，埋好遗体，又继续进行炸药实验。

正是凭着这种冒险精神，诺贝尔先后发明了烈性炸药、胶体炸药、颗粒状的无烟火药，被人们誉为"炸药大王"。他还建立了"诺贝尔安全炸药托拉斯"，开展对外贸易，不仅把这些先进的炸药推销到欧洲各地，还远销到亚洲、美洲、澳洲和南非，成为一名家财万贯的大富翁。诺贝尔将自己的一生都献给了科学事业，并在逝世前立下遗嘱，决定将他的巨额财产的大部分建立一个基金（总数为3300万瑞典克朗）用每年的利息作为奖金，奖励那些在科学、经济学、文学上成就卓越的人以及献身于和平事业的人，以促进人类科学文化事业的发展。

世界上总要有第一个吃螃蟹的人，要不然，世界上就不会有那么多伟人、著名科学家、企业家和诺贝尔奖获得者。

我们说一件事情有风险，往往就意味着完成这件事困难比较大，不确定因素比较多，而保险系数比较小。就是因为有这些主、客观原因，导致失败的可能性比较大，因此，人们一般不愿冒险。

生活中，有的人总担心失败，他们总会找出很多合理化理由来使自己不去冒险，最后，他们一事无成。日本《调查月报》调查了231家日本大企业和527家风险企业后发现：近3年来，日本风险企业的销售额和盈利率都远远超过了大企业的平均增长率。日本大企业年销售额增长率平均是11.7%，而风险企业的年平均销售额增长率达25.9%，增长幅度是大企业的2.2倍；大企业的平均销售盈利率为5.4%，而风险企业则达到了8.9%，增长幅度为大企业的1.65倍。日本风险企业之所以保持了很高的增长率，其基本原因有二：一是这类企业几乎都属于"成长前期"产业，所选择的是富于增长性的市场；二是坚持小批量多品种生产，适应消费者多方面的需要。这些企业的经营战略主要有三点：一是灵活地面对市场，不拘泥于固定的事业领域，发现有希望的新领域就积极开发；二是不仅重视生产技术，更重视新产品的开发技术；三是能动地积极适应经营环境的变化。

世界上恐怕没有人心甘情愿地去冒风险，因为风险常常会是失败的导火索。那么是不是不冒风险，就一定会成功呢？也不是。

风险就如一座险滩，渡过了这座险滩，就会风平浪静，就是胜利的喜悦。

当然，我们也不能盲目冒险，得讲究科学规律，会预测事情发展的未来，并能降低风险率，这样会减少损失，就是失败了，也不会有太大的损失。

第一个敢吃螃蟹的人，往往能成为一个成功者。冒险总比坐以待毙好。

想成功，就得有冒险精神！

破茧而出的魄力

哈佛告诉学生：敢于在众人面前坚持自己，突破常规，这需要勇气和魄力。但唯有如此，才能破茧而出。

哥伦布是15世纪的著名航海家。他历经千辛万苦终于发现了新大陆。

对于他的这个重大发现，人们给予了很高的评价。但也有人对此不以为然，认为这没有什么了不起，话中经常流露出讽刺的语气。

一次，朋友在哥伦布家中做客，谈笑中又提起了他航海大发现的事情，哥伦布听了大家语带讥讽的议论，只是淡淡一笑，并不与大家争辩。

他起身来到厨房，拿出一个鸡蛋对大家说："谁能把这个鸡蛋竖起来？"

大家一哄而上，这个试试，那个试试，结果都失败了。"看我的。"哥伦布轻轻地把鸡蛋一头敲破，鸡蛋就竖立起来了。

"你把鸡蛋敲破了，当然能够竖起来呀！"有人不服气地说。

"现在你们看到我把鸡蛋敲破了，才知道没有什么了不起，"哥伦布意味深长地说："可是在这之前，你们怎么谁都没有想到呢？"

过去讽刺哥伦布的人，脸一下子变得通红。

杰出人士总是朝光明前进。他们的心胸是开阔的。对于一件事，他们不管以前是否有人做过与别人是怎样做的，他们只是做着他们的事。现代社会的进步，就是从古到今不断淘汰不适用的机器、陈腐的思想、愚笨的偏见与不适用的制度和方法的结果。

突破常规、跳出惯有的思维，想别人所不想，干别人所不干。这个世界上，你自己的创新就是成功之门。

社会希望人们从众，与团体保持一致。无论这个团体是我们的朋友、同事或是家庭，对着装、举止、说话和思想都有规定好的"准则"，当我们与这些准则偏离时，我们就不会被社会接纳，就会受到他人的嘲笑。你一定要坦然面对这种嘲笑。

魄力与自信密切不可分。你越相信自己的能力，就对希望的前景更有信心，也就更愿意去冒别人不敢冒的风险。多一次拼搏，就会使你的生命多一分精彩。拼搏的人生轰轰烈烈，色彩斑斓。这些勇敢的行动，证明了一个人的魄力和魅力。

一个自信、勇敢、坚韧的人，注定会破茧而出、化蛹成蝶。

成功
需要变通

要想获得，就要先舍得。如果你不能舍弃，就只能忍受。改变不了环境的时候，我们就要尝试着改变自己。学会变通地处理事情，这是取舍智慧的精华，同时也是哈佛教授交给我们的生存智慧。

生活中的我们往往会认死理，钻牛角尖，甚至一条道走到黑。正如一位哲人说过：一扇门关上，另一扇门开了。可我们常常懊悔地久久地盯着那扇关着的门，以至于看不到另一扇门已为我们敞开。

种子落在土里长成树苗后最好不要轻易移动，一动就很难成活。而人就不同了，人有脑子，遇到了问题可以灵活地处理，用这个方法不成就换一个方法，总有一个方法是对的。做人做事要学会变通，不能太死板，要具体问题具体分析，前面已经是悬崖了，难道你还要跳下去吗？不要被经验束缚了头脑，要冲出习惯性思维的樊笼，执着很重要，但盲目的执着是不可取的。

两个贫苦的樵夫靠着上山捡柴糊口，有一天他们在山里发现两大包棉花，俩人喜出望外，棉花价格高过柴禾数倍，将这两包棉花卖掉，足以供家人一个月衣食。当下两人各自背了一包棉花，便欲赶路回家。

走着走着，其中一名樵夫眼尖，看到山路上扔着一大捆布，走近细看，竟是上等的细麻布，足足有十多匹之多。他欣喜之余，和同伴商量，一同放下背负的棉花，改背麻布回家。

他的同伴却有不同的看法，认为自己背着棉花已走了一大段路，到了这里丢下棉花，岂不枉费自己先前的辛苦，坚持不愿换麻布。发现麻布的樵夫屡劝同伴不听，只得自己竭尽所能地背起麻布，继续前进。

又走了一段路后，背麻布的樵夫望见林中闪闪发光，待走近一看，地上竟然散落着数坛黄金，心想这下真的发财了，赶快邀同伴放下肩头的棉花，改用挑柴的扁担挑黄金。

他的同伴仍是那套不愿丢下棉花，以免枉费辛苦的论调；并且怀疑那些黄金不是真的，劝他不要白费力气，免得到头来一场空欢喜。

发现黄金的樵夫只好自己挑了两坛黄金，和背棉花的伙伴赶路回家。

走到山下时，无缘无故下了一场大雨，俩人在空旷处被淋了个透湿。更不幸的是，背棉花的樵夫背上的大包棉花，吸饱了雨水，重得完全无法再背，那樵夫不得已，只能丢下一路辛苦舍不得放弃的棉花。空着手和挑金的同伴回家去。

在很多时候，我们要学会放弃固执，变通行事。一个机智的人可以灵活运用一切他所知的事物，还可巧妙地运用他并不了解的事物。能在恰当的时间内把应做的事情处理好，这不只是机智，也可称之为艺术。

有许多满怀雄心壮志的人毅力很坚强，但是由于不会进行新的尝试，因而无法成功。请你坚持你的目标吧，不要犹豫不前。但也不能太生硬，不知变通。如果你感到行不通的话，就尝试另一种方式。

梁启超说："变则通，通则久。"学会变通，山重水复过后是柳暗花明；学会变通，焦头烂额过后是舒眉开颜；学会变通，思维一转天地宽。

很多成功人士的实践证明，不管你是觉察到还是没有觉察到，不管你是愿意还是不愿意，每个人时时刻刻都在寻求变通。所不同的是，善于变通的人越变越好，而不善于变通的人却是越变越差。我们只要掌握了变通之道，就会应对各种变化，在变化中寻找机会，在变化中取得成功。

法国著名女高音歌唱家迪梅普莱有一个美丽的私人花园。每到周末，总会有人到她的园子里去摘花，采蘑菇，有的甚至搭起帐蓬，在草地上野营、野餐，弄得园子一片狼藉，脏乱不堪。

管家曾让人在园子四周围上篱笆，并竖起"私人园林，禁止入内"的木牌，但均无济无事，园子依然不断遭到践踏和破坏。于是，管家只得向主人请示。迪梅普莱听了管家的汇报后，让管家做了几个大牌子立在各个路口，上面醒目地写明：如果在园子中被毒蛇咬伤，最近的医院距此15公里，驾车约半个小时才能到达。自此以后，再也没有人闯入她的园子。

花园还是那个花园，只是变了一个思路，保护花园的难题就这样解决了。

随时捕捉
创新的灵感

哈佛在教学的过程中，很重视学生随时捕捉创新的灵感的能力。哈佛告诉学生：思维是核心竞争力，因为它不仅会催生出创新灵感，更会在根本上取得成功。

有很多中国学生虽然对哈佛大学都很向往，但却难以报考成功。

"哈佛大学没有你们想象的那么遥远。"哈佛中美国际机构的工作人员贺海琨这样说。哈佛大学中美国际机构每年从中国各地申请者中选出300名高中生，参加每年暑期在上海举行的为期9天的"中美学生领袖峰会"（HSYLC），这是哈佛相关机构在亚洲地区举办的规模最大的以当地高中生为主体的活动。

在一次峰会上，一位教授给学生们出了这样一道题。

如果给你一个"xi"，让你写一篇作文，你知道怎么写吗？"这怎么写呀，谁知道是啥意思？"这样的题目，现场的中学生都没见过。大家一片哗然。

后来，一位志愿者解释说："这不是开玩笑，这道完全不同于我们的高考题的作文，就是去年申请HSYLC的一道题目。"这是一个音乐的四种声调都可以形成寓意丰富的汉字，"西""习""喜"等，既考察了学生的选择能力，也考察了学生从汉语拼音能力到汉语理解力，包含了文化底蕴等各方面的知识。

"去年一个申请者以'玺'为题，写了对中国古文化的认识，就得到了高分。""我们要的不是成绩好的学生，我们选拔的是有创新精神的学生。"

贺海琨说，"创新"是哈佛最为看重的品质，哈佛不要书呆子，而是要有创新精神的学生。

人类从原始社会一步步走到今天，从最初的一无所有到现在商品琳琅满目，物品一件件被发明和生产出来，这个过程的发展离不开两个字：创新。

所谓创新，就是用人的想象力和实际行动来创造生活中所需要的一切，比如，一个低收入家庭制订了一个计划，使得自己的家庭状况完全改变，这就是创新；一个人将某处的不毛之地开拓成了一片住宅区，这也是创新。简而言之，创新就是进行独一无二的行动。

在美国伊利诺伊州的哈佛镇，有群孩子经常利用课余时间到火车上卖爆米花。有一个10岁的小男孩也加入了这一行列。他除了在火车上叫卖外，还往爆米花里掺入奶油和盐，使其味道更加可口。

当然，他的爆米花比其他任何小孩都卖得好——因为他懂得如何比别人做得更好，创新使他成功。

当一场大雪封住了几列满载乘客的火车时，这个小男孩便赶制了许多三明治拿到火车上去卖。虽然他的三明治做得并不怎么样，但还是被饥饿的乘客抢购一空——因为他懂得如何比别人做得更早，抢占先机，使他成功。

当夏季来临，小男孩又设计出一种肩上能挎的半月形的箱子，在边上刻出一些小洞，刚好能堆放蛋卷，在中间的小空间里放上冰淇淋。结果，他这种新鲜的蛋卷冰淇淋备受乘客的欢迎。他的生意火爆一时——因为他懂得如何比别人做得更新，创新使他成功。

当车站上的生意红火一阵后，参与的孩子们越来越多，这个小男孩意识到好景不长，便在赚了一笔钱后果断地退出了竞争。

一个比别人做得更好、更早、更新，头脑更清醒的人，一个懂得如何创优、创新、抢占先机、及时抽身的人，怎么可能不拥有人生的成功呢？后来，这个小男孩果然成为一个不凡的人，他就是摩托罗拉公司的创始人保罗·高尔文。

创新并不是天才们的专利，普通人只需要找出新的改进办法，把事情做得更好，也可以算作创新，所以，创新是一种相对而言比较轻松的成功方式，在一些看似糟糕的情况下，运用创新能够取得意想不到的结果。

美国弗吉尼亚州，有一个农夫，他出巨资买下了一片农场后，发现自己竟然被人骗了，这块地简直糟糕到一无是处：既不能种水果、蔬菜，也不能养猪、养鸡。更让人无法接受的是，这里有大量令人谈之色变的响尾蛇。在知道沮丧和后悔都没有用后，他考虑到要把这块坡地的价值利用起来，唯一的指望就是那些响尾蛇。于是他开始了一项让所有人大跌眼镜的举动——生产响尾蛇罐头。除了响尾蛇的肉做成罐头出售，他还把从响尾蛇身上取下来的蛇毒卖给制药厂去做蛇毒的血清，把蛇皮以很高的价钱卖给皮革商做鞋子。几年后，他的生意渐渐壮大起来，每年到他农场来参观的人达到几万人次，他又多了一笔旅游收入，后来那个村子也因此改名为响尾蛇村。

创新活动已经不只是发明家、科学家的专利，它深入到了普通人的生活当中，任何一个平凡的人都可以进行创新活动，可以用创新来化险为夷，走出绝境，走向成功。

拿破仑·希尔曾说过：创新就是力量、自由以及事业成功的源泉；苏联教育家苏·霍姆林斯基也认为：创新是生活最大的乐趣，成功来自创新。所以，一个人如果在生活中能够有所创新，那么他的生活一定充满乐趣，如果一个人在事业上能够有所创新，那么事业必然会成功。

在现实生活中，创新无处不在。但是，与一般的常规思维相比，创新有以下特点。

首先，具有独创性。创新的特点在于"新"，在思路的探索上、思维的方式方法上和思维的结论上，都能够提出新的、独到的见解，有新的发现和新的突破，具有独创性。

其次，具有灵活性。之所以是创新，就意味着不局限于某种固定的思维模式、程序和方法，它既不同于别人的思维框架，也不同于自己以往的思维框架。而是一种开创性的，灵活多变的思维活动，并伴随有想象、直觉、灵感等非规范性的思维活动，因而，具有极大的随机性、灵活性，它能做到因人、因时、因事而异。

最后，具有风险性。历史是从不断的创新中发展而来的，但是，并不是所有的创新都能够成功，我国历史上著名的商鞅变法就以失败告终。创新的核心是创新突破，因此没有成功的经验可借鉴，也没有现成的方法可套用，它是在没有前人思维痕迹的路线上去努力探索。这种情况下的创造成果不能保证每次都能获得成功，有时可能毫无成效，有时可能得出错误的结论，这就是创新的风险。

第六章

坚持原则，
拂去心灵上的尘土

诚信是人一生最主要的资本

　　哈佛大学从学生踏入哈佛的大门开始，就要求学生首先成为诚实守信的人，这也是哈佛教育的核心理念之一。

　　何为诚信？诚信是诚恳，诚信是守信，诚信是一句承诺，诚信是许诺后的行动。诚信是道德建设的根本，也是一种非常宝贵的资源。我国素有"一诺千金"之说。古今中外，流传着许多关于诚信的故事。

　　墨西哥总统福克斯，从一个普通的推销员逐步成长为国家的总统。你想知道是什么神奇的力量，让这个普通人一举成为国家总统的吗？福克斯做人处世的原则就是他的人格品质——诚信，这为他荣登总统宝座打下了很好的基础。

　　在一次演讲中，有学生问福克斯，政界尔虞我诈，你是怎么做到不撒谎的呢？

　　福克斯坦诚地说："尽管这个社会谎言无处不在，可我还是依然相信有真诚存在，只要你是一个诚信的人，那么你周围的人们也会对你诚信。我说我从没撒过谎，也许大家会不相信，因为很多人都会告诉别人自己从没撒过谎。我给大家讲一个对我极具启发意义的故事，这样你们就会明白诚信有多么宝贵。"

　　作为农场主的父亲告诉儿子，花园里的房子已经很破旧了，最近要准备拆除这座房子。儿子听了兴致勃勃，对父亲说："爸爸，我想看看工人们是怎么拆除房子的，但是我马上要准备回学校上学了，可以等到我放假了再拆除吗？"父亲看儿子表现出极大的兴趣，于是答应了他的要求。

但是没过多久，就在他儿子还在校园里上学的时候，这位父亲就自己雇请了工人，把破旧的房子拆除了。因此，儿子放假回来就看不见房子了，他闷闷不乐地埋怨父亲："爸爸，你答应我的事情，怎么不讲信用呢？我在学校查阅了相关的资料，正准备好好学习实践呢！"

没等父亲开口说话，儿子继续说："你可是答应过我，要等我放假回来再拆除那座房子的。"父亲见孩子认真的样子，很真诚地对儿子说："儿子，我应该兑现自己的诺言，请你原谅我，好吗？我错了。"

父亲为了重建诚信，重新雇请工人，在花园里原来旧房子的地方，重新造了一座新的房子，当房子建好的时候，他当着儿子和工人的面说："我们一起拆掉这幢房子吧！！"

这位父亲并不富有，但为了在孩子面前实现自己的承诺，还是重建了已经拆除的房子。他不仅仅是为了满足对儿子的许诺，更是为了对自身的道德标准进行完善。父亲用这样的方法，告诉孩子诚信的重要意义和不讲诚信的严重后果。

福克斯说，我认识这位父亲，他现在已经去世了，可是他的儿子还活着。前来听演讲的学生问道："这位伟大的父亲叫什么名字，他的儿子叫什么名字，在哪儿，他的儿子应该是一位诚实的人，我们希望认识他。"福克斯平静地告诉大家："他的孩子现在就在这里，就是我，福克斯。"

教室里顷刻响起了雷鸣般的掌声。

福克斯继续说："我想告诉大家，我愿意像父亲对我一样对待这个国家，对待每一个身边的人。"

不信守诺言，将会失去自己在他人心目中拥有的力量和地位，希望得到社会尊重和支持的人，肯定是不愿意牺牲诚信原则的。在园子里拆除房子的父亲，也在孩子的心里重建了一座房子，这座房子的名字就是——诚信。

诚信是一种责任，是一种积极做事的态度。唯有诚信的人，才能得到别人的信任和尊重。

一个人能被他人相信是一种幸福。但是如果要别人相信自己，首先自己就要讲诚信。上面的小故事就是告诉我们，诚信的魅力是需要我们大家去用心建筑和经营的。

在现实生活中，人与人之间的一切交流不就是建立在信任之上吗？一个人对别人要有诚信，对自己也要有诚信，要做到心口如一。承诺别人的，要守信，承诺自己的，也要守信。真实地面对自己，真实地面对别人，真实地面对社会，不屈从自己内心的欲望，不屈从自己内心的恐惧，不虚饰自己的错误，这是不容易的。孔夫子说自己只是到了70岁之后，才"随心所欲不逾距"。总而言之，诚信，是极其重要的为人准则。诚信之于生命，正如同珍珠之于贝壳，那么晶莹剔透而凝重；如月亮之于夜幕，那么明亮皎洁；如山雀之于森林，那么生机盎然。

言而有信、一诺千金是我们的祖先代代相传的美德。信用既是一种无形的力量，又是一种无形的财富，还是连接友谊的无形纽带。一个诚实的人，不论他有多少缺点，同他接触时，心神会感到清爽。这样的人，一定能找到幸福，在事业上有所成就。这是因为以诚待人的人，别人也会以诚相见。

信用就是
一种财富

哈佛教授多洛冒斯·克里格说："信用会为你积蓄看不见的财富，时间越久，这笔财富就越珍贵。而欺骗只会恶意透支你的财富，哪怕只有一次，你也许会一无所有。"

一个人的信用越好，不论在生活上还是工作上，就愈能成功地打开局面，做好工作。他应对的客人愈多，他的事业就做得愈好。

王安是一家私营公司的老板，那年他向友人借了一笔钱，没有财产担保，也没有存单抵押，有的只是一句话："相信我，年底无论如何都还你。"

到了年底，王安的公司资金周转非常困难，外债收不回来，欠款别人又催得紧，为了还朋友这40万元，他绞尽脑汁才筹足20万元，余下的20万元怎么也筹不到。怎么办？老婆劝他跟朋友求求情，宽限两个月，王安摇摇头，公司里的"高参"给他出主意说：反正你朋友也不急用钱，不如先还朋友20万元现金，其余的开一张空头支票，等账户上有了钱再支付。王安勃然大怒，呵斥这位"高参"是没有信用的人，并毫不犹豫地辞退了这位跟他多年的搭档。最后他决定用自家的房产去抵押贷款，但银行评估房屋价值24万，只能抵押18万元。王安横下一条心，与老婆郑重商量后，把房子20万元低价卖出去，终于筹齐了40万元。一家人在市郊租了间房屋住。

朋友如期收回了借款，星期天准备约一帮人到王安家去玩玩，却被他委婉地拒绝了，朋友不明白平日豪爽的王安为何变得如此"无情"，便一个人驱车前去问个究竟。当朋友费尽了周折在一间农舍里找到王安的"家"时，只觉得热流直冲泪管，眼睛湿润了。然后紧紧地拥抱着王安，一个劲地点头，临别时朋友掷地有声地留下一句话："你是最讲信用的人，今后有困难尽管找我！"

新年，王安的公司陆续收回了欠款，生意做得红红火火，他又买了新房、添了小车。然而天有不测风云，正当他在商场上大展拳脚时，却被一家跨国公司盯上了，那家公司千方百计挤占他的市场，并勾结其他公司骗取他的贷款。王安的公司遭受了沉重的打击。公司垮了，车子卖了，房子押了，他破产了，不仅一无所有，而且负债累累。

王安想重振旗鼓，但是巧妇难为无米之炊，他想贷款，却没有担保人和抵押物。他向亲友借，然而很少与他在钱上打交道的亲戚，怎会轻易将大把的钱借给他呢？在他走投无路的时候，又想起那位曾经借钱给他的朋友，他带着试一试的心理，找到了朋友。朋友没有嫌弃失魂落魄的他，不顾家人的反对，毅然再借给他40万元。他有些颤抖地捧着支票，咬咬牙，坚定地说："最多两年，我一定还给你！"两双关节粗大的手紧紧地握在一起，朋友点头说："我信！"

曾经溺过水的王安再到商海里搏击，自然会小心谨慎，而又遇乱不惊。他又成功了，两年后他不仅还清了债务，而且还赚了一大笔。重新跨入大款行列。每每有人问他怎样起死回生时，他便会郑重地告诉他："是信用！"

王安的成功，告诉我们这样一个道理：做人只有讲信用，才能赢得别人的尊重和信赖，言而无信、出尔反尔的人到头来害的还是他自己。

讲信用的人，因为大家都信任他，所以他的朋友遍布天下，有着"一方有难、八方支援"的广泛交际圈；而不讲信用，凡事为自己考虑，说话不算话的人，没有人愿意和他交往，算计来算计去，倒把自己算计进去了，陷入众叛亲离的境地，无法脱身。所以，人一定要对自己说出的话负责任，要么不说，要么一诺千金。古人云："君子一言，驷马难追"，说的就是这个道理。

信用是一种彼此的约定，也是一种具有约束力的心灵契约。有时它无体无形，但却比任何法律条文都具有更强的力量。在竞争激烈的当今时代，信用更加成为赢得人生成功的重要法宝。有人不重视信誉，认为那不如现实的利益重要。但不要忘记，一旦失去了它，那么，人将再难以在社会上立足。

一个人，只有凭着良好的信用，才可以创造历史，可以改变成败，甚至可以起死回生。

一个人如果希望闻名世界、流芳百世，他首先要获得人家对他的信任。一个人如果学会了如何获得他人信任的方法，真要比拥有千万财富还重要。

因此，我们要懂得：信用是人一生最重要的资本。要知道，糟蹋自己的信用无异于在拿自己的人格做典当。

不要撒谎
和欺骗他人

不诚实的人往往得不到他人的尊敬和信赖。诚实是赢得众人拥护的关键，是获得事业成功的基础。

哈佛金言中有这样一句话：做老师的只要有一次向学生撒谎撒漏了底，就可能使他的全部教育成果从此为之毁灭。

有一个小孩，在山坡上放羊，家里人都在山坡下种地。小孩觉得很无聊，不知道该怎么打发时间，忽然心生一计，想逗人们玩玩，就冲着山脚下喊："狼来了，狼来了！"大人们很着急，纷纷拿着铁锄头向山上冲来，他们气喘吁吁地跑上山问小孩："狼在哪里呢？"小孩笑嘻嘻地说："没有狼，我骗你们玩呢。"大人们很气愤，但是想想小孩一个人待在山坡上也挺可怜的，也就原谅了他。

第二天，小孩还是觉得无聊，又冲着山脚下喊："狼来了，狼来了！"大人们又放下手中的活儿，拿着农具向山上冲来。一看，根本就没有狼，知道又上当了，只好提着农具回去了。

可是，事情就是很巧，一天，狼真的来了，它直扑羊群，咬住了那只最大的母羊，小孩被吓坏了，他大声地呼喊："狼来了，狼来了！"可是，在山脚下种田的人们都认为又是他在闹着玩的，谁都没有放下手中的活儿。

最后，狼不但咬死了母羊，还咬伤了几只小羊。之后，小孩懊悔地说：他再也不敢撒谎了。

这个故事告诉我们，诚实就是要本分做人、实事求是，任何人都不能拿诚实当儿戏，否则的话，于人于己都是不利的。放养娃的教训是深刻的，今天我们应该引以为戒，千万不要染上说谎、虚伪等恶习。否则，最终受害的是自己而不是别人。

试想一下，如果一个人在事业上有很大成就，但是却整天欺骗别人，始终活在骗的世界中，那他又会如何呢？也许，他天天晚上做噩梦，睡不着觉；也许，他整天没心思工作，生活恍恍惚惚；再也许……总之，这样的生活是黑暗的，是恐怖的。

朋友，也许你更向往、更重视的是一生的成与败，但是我要说的是：诚实是一个人永远应该具有的本质，它比成功更可贵、更有价值。一个成功的人，应该是一个诚实的人，反过来说，是诚实造就了成功。朋友，让我们做一个诚实的人，向着成功的天空飞翔。记住：诚实是有力的翅膀，成功是蔚蓝的天空！丢掉诚实就等于失去翅膀，那么，天空就将永远成为遥远的梦！

乔治·华盛顿是美国第一任总统。他小时候是个又聪明又淘气的孩子。

一天，父亲送给他一把小斧头。那小斧头新崭崭的，小巧锋利。小乔治可高兴啦！他想父亲的大斧头能砍倒大树，我的小斧头能不能砍倒小树呢？我要试一试。他看到花园边上有一棵樱桃树，微风吹得它一摆一摆的，好像在向他招手："来吧，小乔治，在我身上试试你的小斧头吧！"小乔治高兴地跑过去，举起小斧头向樱桃树砍去，一下，两下……樱桃树倒在地上了。他又用小斧头将小树的枝叶削去，把小树棍往两腿间一夹，一手举着小斧头，一手扶着小树棍，在花园里玩起了骑马打仗的游戏。

一会儿，父亲回来了，看到心爱的樱桃树倒在地上，很生气。他问小乔治："是你砍倒了我的樱桃树吗？"

小乔治这才明白自己闯了祸，心想：今天准得挨爸爸揍啦！可他从来不爱说谎，就对父亲说："爸爸！是我砍倒你的樱桃树。我想试一下小斧头快不快。"

父亲听了小乔治的话，不仅没有打他，还一下把他抱起来，高兴地说："我的好儿子，爸爸宁愿损失一千棵樱桃树，也不愿你说一句谎话。爸爸原谅诚实的孩子。不过，以后再也不能随便砍树了。"

小乔治望着父亲，懂事地点了点头。

人贵在诚实，不撒谎，不欺诈，做一个实实在在的人，做一个对自己的一言一行负责任的人，只有诚实的人才能赢得别人的信赖和帮助，才能走向成功。

其实，人的生命是平等的，人的机会也是平等的，每个人都在为自己的人生目标努力着，奋斗着，可是造化弄人，这个世界总是有人出类拔萃，功成名就，有人却一生平庸，碌碌无为。造成这种差别的原因是多方面的，其中一个重要的因素就是，你是不是一个诚实的人。当然诚实的人也不一定人人都能成功，影响成功的其他因素还有许多。但成功的人一定具备诚实的品质，因为诚实是成功这座"大厦"的基石，失去了这个基石你也许会成功于一时，但不会长久。地基不牢固，你的"大厦"就处在风雨飘摇之中，说不定哪天就会坍塌下来，化为一堆瓦砾。诚实待人，诚实做事，诚实处世，我们就会为自己的成功奠定坚实的基础。

坚持真理，让真理与你为友

人发现真理很难，而在发现之后能够坚持就更难。哈佛大学早已有了自己的学术标准，而对真理的探索无疑是这一标准的核心价值。

人要有自己独立的思想与观点，不可人云亦云，盲从和谬误不会带来成功与幸福，而只有坚持真理的人才能在人生道路上走得更好更远。

其实，真理就是人们对客观事物及其规律的一种正确的认识。因此，要坚持真理就需要我们必须做到实事求是。古今中外，一切正直的人，他们身上都具有一种共同的品格，那就是敢于坚持真理，勇于修正谬误。也许真理的光芒有时会黯淡，但却永远不会熄灭。

在达尔文创立生物进化论以前，人们一直相信是上帝创造了人。后来，达尔文的生物进化论，提出了人是从猿进化而来的观点。但是，这在当时并没有为世人接受，而且还被当作邪说。

1860年6月30日，在英国著名学府牛津大学进行了一场关于人类起源问题的大辩论。主要有两种观点：一是博物学家赫胥黎宣传进化论。认为人类与猿是同一个祖先，人是从猿进化而来的。二是以大主教威尔伯福斯为代表的宗教势力，竭力反对这一观点，并且企图利用宗教势力来吓倒赫胥黎。

于是，一个教徒问赫胥黎："你是从猿祖父还是猿祖母那一支生出来的？"这句刻毒的话，引起了全场教徒的喧嚣。但是却丝毫没有影响到赫胥黎，赫胥黎不仅毫无惧色，还义正词严地回答道："人类没有理由，也不需要因为自己的祖先是猴子而感到羞耻；相反，与真理背道而驰才是真正的羞耻。只有那些游手好闲、不学无术而又一心要靠祖先牌头的人，才以祖先的野蛮而感到羞耻。"最后，赫胥黎赢得了这次辩论的胜利。

哈佛学子美国著名作家爱德华·黑尔曾经说过这样一句话："有一句话将永远铭刻在我的内心之中，那就是'真理的殿堂里没有虚假'"。这也是4年的哈佛学习生活对爱德华·黑尔影响巨大的一句话，也许你不知道，正是这句话促使他走向了成功，使他赢得了无数的荣誉和尊敬。

那么，到底什么是真理？每一个国家、民族对这个词汇都有不同的理解。在哈佛大学，它被赋予的含义是："真相、诚实和正直。"

"真相"，即弄清事物的真相和向世界提供真实情况，而不是生活在虚假和欺骗之中。

"诚实"，即对自己诚实，对他人诚实，而不自欺欺人。

"正直"，即正直地做人，正直地做事，而不为了一时之利降低自己的人格。

普通人强调安全和利益，可能会为了一点蝇头小利而口是心非。这将使自己生活在虚假之中，并且最终失去自己的人格。杰出人士谨慎地发掘真相，诚实地对待自己和他人，正直地做人、做事。他们终将赢得大众的喝彩，并确立自己的突出地位。

早在1636年哈佛大学初创时，"真理"便成为它的核心价值观，它的灵魂。哈佛大学最早的校训是："让柏拉图与你为友，让亚里士多德与你为友，但最重要的是，让真理与你为友。"它体现了哈佛的立校兴学宗旨——求是崇真。它强调作为一个高尚的人，在气质、操行、品德、治学方面都应走近真理，力争在事业和品行两方面都成为时代楷模。

在哈佛大学成立200周年之际，哈佛校训简化为"让真理与你为友"。它被镌刻在哈佛校徽上，沿用至今。它也一直被哈佛大学一代又一代继承者们奉为金科玉律。

在哈佛大学的正门上以及一些建筑物上，随处可以见到"真理"二字，不仅如此，在哈佛大学的正门上还刻着这样一句话："真理之门只会向那些正直的民族开放。"毫无疑问，在任何国家，大学都是敏锐反映本国历史和特性的一面的镜子。1869年，当年仅35岁的化学家艾略特出任哈佛大学校长时，他提出了一个新的目标："我们要在这里稳步建立一所世界上最伟大的大学。"他还指出，哈佛大学根植于美国社会和政治文化传统，并且是逐渐地、自然地结成的硕果，哈佛大学是世界上举世无双的，是具有开拓精神的。

到了1933年，当科南特出任哈佛大学校长时，他更明确地指出："如果我们试图用一句话来概括高等教育的目标的话，那么最好的概括就是寻求真理……这也一直是大学的主要任务之一；而直接运用知识只是大学的次要任务。"

为此，后来哈佛大学选择最优秀的教师和学生作为自己的成员，依赖这些最优秀的人来完成寻求真理的任务。

那么，优秀的标准是什么呢？作为真理的寻求者和传播者，除了聪明才智之外，一个首要因素是——诚实和正直。

在哈佛大学，一直流传着一个这样的故事。

皮尔斯是一位著名的经济学家和一个学识渊博、品格正直、作风严谨的老先生。他每次上课，总是穿着笔挺的西装，一头白发总是梳理得很整齐，然而他的授课风格却并不古板，并且时常穿插一些幽默小故事，将学生们逗得哈哈大笑。于是，同学们都亲切地称他为"和蔼的老头""幽默的老头""有教养的皮尔斯"，因为从来没有人见他发过脾气。

有一次，皮尔斯在课堂上给学生出了一道考题，要求当堂交卷。有一个学生抄袭了以前的作业。皮尔斯发现后，当即宣布：这节商业课暂时停止，而改为修养课。他站在讲台上，表情严肃地说："做人首要的是诚实。我相信，你们来到哈佛是为了追求真理，当然，在通往真理的道路上，可能会有很多的困难与障碍，但是请记住：只要你们能够以诚实、认真、严肃的态度去对待问题，就会有机会发现真理。相反，如果有些同学在这里弄虚作假，那么，他就永远也没有机会看到真理的光芒。因为，真理的殿堂里没有虚假。"

皮尔斯站在讲台上，足足讲了20分钟，而他的每一句话都震撼着同学们的心灵。当他讲完后，那位作弊的学生站起来，走到皮尔斯面前，深深地鞠了一躬，又惭愧又激动地说："皮尔斯先生，谢谢您，这是我有生以来听到的最有价值的一堂课，您教会了我怎样做人。"

皮尔斯此时又恢复了亲切的表情，拍着那位同学的肩膀说："记住这句话，真理的殿堂里没有虚假。"

教室里响起了雷鸣般的掌声。所有的同学也都站起来，向皮尔斯深深地鞠躬，向他表示感谢，因为他的演讲使每位同学都知道了一条做人做事的准则，这条准则对他们日后的人生非常重要。

探求真理，坚持真理，这是立志追求杰出的青少年应该早早养成的习惯。

相信自己是这个世界上 独一无二的

一个人缺乏自信，就容易对环境产生怀疑与戒备。即所谓"天下本无事，庸人自扰之"。每个人都应该有这样的信心：人所能负的责任，我必能负；人所不能负的责任，我亦能负。当你害怕做某事时，只要去做，你就会发现，情况并不是你想象的那么糟糕。哈佛大学的哈默·杰克逊教授经常对学生们说："自卑的人，总是在自卑里埋没自己。记住，你是这个世界上独一无二的。"

美国著名的投资家格罗斯先生曾在明尼苏达州进行为期12天的讲座。

一天，他正在演讲，会场里突然出现一个冒失的青年人，他衣冠不整、面容憔悴，蓬乱的头发一看就是很久没有洗过的样子，一双运动鞋就像是从垃圾场捡来的一样。看到这个状况，有几个听课的青年要求将这个人撵出去。格罗斯问那个青年："怎么了，是不是近些日子负担很重呢？"那个青年犹豫好久才说："我很累，每天有很多的事情要做，顾不上打理自己。"格罗斯笑了，他没有听从把青年人撵出去的建议，而是给他找了一个座位。

随后，格罗斯对会场上的青年朋友说："我有位好朋友叫尔伯·列夫，现在是一个很有成就的教授。可是他小的时候，学习成绩并不好，还常常因自己是个黑人而自卑；他从来不交朋友，也没有人愿意与他来往。他曾经给我讲了一个故事，有一天，列夫在学校附近的广场上闲逛，希望可以捡到一些有用的书本。这时他看到一个卖气球的老婆婆推着一辆小推车走过来，那辆小推车的四周全是美丽的彩色气球。很快，这些气球就吸引了一大群孩子围上来。

尤其是那些白人孩子，一个个兴高采烈地围着老人，挑选自己最喜欢的彩色气球。列夫一眼望去，只见那些气球五彩缤纷、绚丽耀眼，白色的、红色的、紫色的、蓝色的……所有的孩子都挑选了一个或者几个气球，然后到宽阔的河边去放飞气球。列夫也为此心动了，于是他悄悄走到那位老人的身边，低声询问老人是不是可以卖给他一个气球。列夫怯生生的样子引起了老人的注意，她和蔼地蹲下身子，对列夫说：'孩子，你当然可以任意选择自己喜欢的气球，这是上天给予你的权利，你可以做自己最喜欢的事情，不要受别人的影响。'列夫看着那些色彩灿烂的气球，挑选了好一阵子，才找了一个黑色的气球。这时，老人又对他说：'孩子，这个颜色好像不适合你。但是，既然你选择了它，我必须告诉你，无论是红色的还是黑色的气球，它们都是一样的，它们都可以飞得一样高，与颜色没有关系。'列夫听了，非常开心。他拿着那个气球，轻轻一松手，气球就飞了起来。列夫随着气球奔跑，他感到无比的快乐。以后，列夫常常想起那位老人的话。他逐渐明白，气球的升起，是因为里面有氢气的原因，而不是其他外在的因素，与颜色没有关系。人与人都是一样的，成功与否，不在于你是什么肤色、籍贯或出身，而在于你是否努力、勤奋。"

格罗斯讲到这里，那个冒失进来的青年人满脸愧色，心事重重地离开了会场。

第二天，那个青年人再次来到了会场，只是他已经焕然一新。干净的衣服，清洁的脸庞，梳理得整整齐齐的头发，完全变了一个人。会场上的朋友看到他的模样，禁不住报以热烈的掌声。

气球升空与颜色无关，关键在于里面充的气体；人的成功与长相无关，关键在于你的内心。只有当你的内心充满对成功的渴望时，才能克服重重困难；也只有在内心建立起自信后，才能化平庸为神奇。

许多人一事无成，就是因为他们低估了自己的能力，妄自菲薄，以至于缩小了自己的成就。而很多人判断自己能力的高低，并不是依据自身的能力，而是依据外界对他们的评价，因此使很多人和成功擦身而过。

一位老师曾经做了一个有趣的试验，她将一个优秀生调到较差的班级，而将一个成绩差的学生调到好的班级里，过了一段时间，经过测验，那个差生的成绩竟然能够达到班级的平均成绩，学习成绩大幅度提高。可是那个优秀生到了差的班级之后，成绩大幅度下降。这是因为老师对学生的认识不同，好的班级里老师看待学生都是好样的；而差班的老师却一直把自己班级的学生当成是学习成绩不好的。

要一直坚信，自己是最棒的。无论外界如何评价你，你都不能放弃心中的信念，只要相信自己，坚持走自己的路，不畏人言，才能到达成功的彼岸。

[不抛弃，不放弃]

从哈佛走出来的莘莘学子之所以能够取得非凡成就，并不是因为他们有多高的天赋，也不是有高人一等的智商，而是因为他们总是"生活"在那些成功人士的故事中，并不断地被熏陶，让自己的心灵得到真正的成长。

法国著名记者尚多朋克在早年时就患有严重的心脏病，可是基于自己对工作的热爱，他一直带病工作，并且取得了惊人的成绩。在1995年的时候，他突然心脏病复发，虽然很快被送往了医院，可是他依然没有逃过这一次劫难，这次复发让他再也没有站起来，不仅四肢瘫痪了，就连说话的能力也丧失了，这不禁令所有认识他的人感到惋惜。

与病魔搏斗后的尚多朋克躺在医院的病床上，再也没有了平日的活力。他全身的器官中，只有左眼还可以眨动，但尚多朋克的头脑是清醒的。坚强的尚多朋克并没有被病魔打倒，虽然他变得口不能言，手不能写，但是他始终没有放弃，并且决定将自己还未着手写的作品完成并出版。当家人得知他的决定后全力反对，但最后还是没能阻止尚多朋克。

在与出版商联系好后，尚多朋克就开始了自己的创作。鉴于尚多朋克的具体情况，出版商给他派了一个叫门迪宝的笔录员来做他的助手，每天用6小时的时间来为尚多朋克做笔录。

由于尚多朋克只有左眼能够眨动，所以只能通过眨动左眼与门迪宝进行沟通，并逐个字母地向门迪宝示意，然后由门迪宝来抄录。一开始困难确实很多，但是他们都没有放弃。在门迪宝把字母排列好后，读给尚多朋克听，并由他来选择。这时尚多朋克还是靠左眼来做选择，他眨一次眼，就说明字母是对的；眨两次眼，则表示字母不对。就这样，他们一直继续着，配合着。

门迪宝耐心帮助着尚多朋克，从来没有任何怨言。但是，尚多朋克只是靠自己的记忆来判断词语，并且用不太灵活的眼睛来选择字母，所以难免会出现很多错误，有时他还要一遍遍地对自己记忆中的字母和词语进行过滤。开始时，尚多朋克和门迪宝都不太习惯这种单一的交流方式，经常会产生很多障碍和问题。一开始每天只能录1页，但是一段时间过后，他们慢慢地把工作量加到了3页。

就这样，他们日复一日地工作着，在这期间，尚多朋克也犯过几次病，但都不是非常严重。很多次门迪宝都看不下去了，也曾想过离开尚多朋克，并希望以此让尚多朋克放弃写作，但是每当看到尚多朋克的那种坚毅和决心，他又忍不住去帮助他，继续做他的助手。

历经几个月的艰辛之后，他们终于完成了这部著作，这部不平凡的著作一共有150页，它的名字叫《潜水钟与蝴蝶》。据粗略估计，为了写这本书，尚多朋克共眨了20多万次左眼。

之后，每当门迪宝提到这件事时，他总是很激动地说："我真的非常敬佩尚多朋克先生的那种毅力，我承认在做他的助手时，我曾想过放弃，但是我真的不忍心。记得有很多次，尚多朋克由于工作量太大，眨眼的次数太多，他的眼睛已经动不了了，可是他还在坚持，他让妻子用热手帕为他敷眼睛，然后又继续工作。"

这本书在完成后不久，就出版了。这小小的一本书包含了尚多朋克无数的心血！也是这小小的一本书使无数处于崩溃边缘的人找到了活下去的信念！

虽然成功需要的条件很多，比如，聪明的头脑，坚韧不拔的精神，坚持不懈的努力，当然还有健康的体魄，但是尚多朋克除了没健康的体魄外，其他的美德他都有。他从没有气馁过，而是竭力地为自己创造成功的条件：哪怕只剩下一只眼睛可以"说话"，哪怕他明天就要死去，他也不会放弃今天的时间和生活。然而，在我们的身边，这样的人又有多少呢？多少人在走向成功的道路上向困难投降？当病魔找上门时，又有多少人不懂得与病魔抗衡，而是向病魔低头？甚至轻易放弃自己的生命？其中有很多是读过圣贤书的人，可他们还是没有战胜困难的勇气。这到底是为什么？是因为我们没有坚持，轻易放弃了。

　　"不抛弃，不放弃"这6个大字给了我们很多的启示，要执着追求家庭的幸福，要执着追求事业的成功，不要放弃任何一次希望，不要放弃任何一次机会。纵览古今中外，有哪个成功人士放弃过、抛弃过自己的理想？相反，又有多少失败者因为放弃、抛弃了自己的理想而最终黯然神伤？换句话说，美好的生活由执着追求所造就，美好的生活来源于不抛弃、不放弃。

勇于坚持
自己的主张

"只有对自己充满信心，才能让别人信服你。"哈佛大学的教学楼里传出了这句让人心生感慨的话，原来是心理学教授在给大家教授有关于自信的心理课。

人必须坚持自己的观点，坚持自己的立场，万不可人云亦云。人面对外面的世界必须顺达适应，但是必须秉承原本就属于自己的个性，而不能随波逐流。坚持自己的秉性不是顽固不化，不是十头牛都拉不回来的"犟种"，而是内在的果敢和处变不惊；随遇而安不是丧失自我，不是唯唯诺诺，而是生存的需要。冷静地坚持自己的观点，是脱颖而出的前提。

古希腊著名的哲学家苏格拉底有一个关于苹果的故事：在一次课堂上，苏格拉底拿出一个苹果摆在讲台上，说："请大家闻一闻空气的味道。"一名学生迅速地举起手回答："我闻到了苹果的香味。"苏格拉底走下讲台，举着苹果慢慢地从每一个学生面前走过，并叮嘱说："请大家再仔细地闻闻，空气中到底有没有苹果的味道？"这时已有半数的学生举起了手，苏格拉底走上了讲台，把刚才的问题又重复了一遍。这一次，除了一名学生没有举手外，其余的都举起了手。苏格拉底走到了这名学生面前说："你难道真的没有闻到苹果的芳香？"那个学生肯定地回答："我什么也没有闻到！"于是苏格拉底宣布："他是对的，因为这是一只假苹果，根本就没有味道。"这个学生就是后来大名鼎鼎的柏拉图。所以，冷静地坚持自己的观点，是脱颖而出的前提。

1935年9月1日，世界级的指挥明星诞生了——他就是小泽征尔。小泽征尔自幼喜欢音乐，在他获得法国贝桑松国际指挥比赛第一名后，他对自己的目标更加明确了——进军世界乐坛。于是，他开始拜师学艺。他先后跟随德国指挥家卡拉扬和法国指挥家蒙兹学习演奏和指挥技巧，不仅如此，他还受到大指挥家伯恩斯坦的青睐和精心指点。1962年，小泽征尔执棒旧金山交响乐团，并在1973年开始担任美国波士顿交响乐团的总监，也是在此时，他登上了世界乐坛的舞台，跻身于世界最优秀的指挥家行列。小泽征尔在波士顿有30年的指挥生涯，正是这30年，使小泽征尔创造了世界音乐史上的奇迹——他带自己的乐团一跃成为国际上最优秀的乐团之一，小泽征尔也成为了世界著名的音乐指挥家，用双手挥舞出他更加美妙的人生。

当小泽征尔乐团演奏技术日趋成熟时，他决定去欧洲参加一个世界性的指挥家大赛。在做好了一切准备后，小泽征尔和他的团队出发了。在比赛中，小泽征尔一路过关斩将，跻身前三名。在进行最后的决赛时，小泽征尔是最后一个上场的，他接过台下评委递来的乐谱，会场中立即响起优美的音符。小泽征尔用自己一流的指挥技巧，聚精会神地指挥着乐队进行演奏。当美妙的音乐在小泽征尔的耳边流淌时，他突然发现乐曲中出现了不和谐的地方。起初他以为是乐队出了问题，于是要求乐队停下来重新演奏。可是，他还是发现了同样的问题。"难道是乐谱出现了错误？"小泽征尔想，可是他立即想到不可能。于是，他又重新演奏了一次，但还是觉得不和谐。最后，他断定是乐谱出了问题。他把自己的问题告诉了评委，这时在场的所有作曲家和评委都郑重声明乐谱不会出问题。"一定是你指挥错误？要不就是你的错觉？"

面对这么多权威人士，小泽征尔对自己的信心也动摇了，他显得特别尴尬，他不相信是自己的错觉。于是在这庄严的音乐厅里，小泽征尔又重新演奏了乐谱，但结果还是一样，他更坚信是乐谱出了问题。当台下议论纷纷的时候，他大吼一声："一定是乐谱出错了！我相信自己的判断！"此时的小泽征尔不知从哪里来的勇气和胆量，或许一切仅仅源于他对音乐的热爱吧。他的话音刚落，台下就响起了热烈的掌声。

原来所有的一切都是评委精心设计的"圈套"，以此来检验指挥家是否能够发现错误。因为这个错误是微乎其微的，不仔细听是很难发现的。只有具备发现错误的能力和坚持自己主见的人才是一个真正出色的音乐指挥家。其实前面两位参赛者并不是没有发现问题，而是选择了向权威低头，否定了自己的判断。小泽征尔却始终相信自己，而不是附和权威的观点，他以自己的正确判断和坚持赢得了那些评委的一阵阵掌声。当然，世界音乐指挥家大赛的桂冠非小泽征尔莫属。

可见，只有对自己充满信心，并充分肯定自己的判断，才能够像小泽征尔一样夺得胜利的桂冠。对一件事情有没有信心，决定着你能不能取得最后的胜利。如果在心灵深处肯定自己，坚持不懈，那你就拥有了一个良好的开始。从现在开始，相信自己，感受心灵的召唤，沿着心灵的方向，走向成功的彼岸。

"横看成岭侧成峰，远近高低各不同"，凡事绝难有统一的定论，谁的"意见"都可以参考，但永不可替代自己的"主见"，不要被别人的论断束缚了自己前进的步伐。追随你的热情、你的心灵，他们将带你实现梦想。

为爱好，而不是为金钱工作

哈佛大学曾对美国1500名学生进行过一项调查，询问他们选择自己的专业是出于爱好还是因为好赚钱。1255名学生回答是因为好赚钱，245名学生表示是出于爱好。这项调查共计进行了10年，目的是了解为了金钱和因为爱好而努力奋斗的两种人，他们最后各有多少人成了富翁。结果显示：10年后，245名学生中，因为爱好而奋斗的人中有100人成了富翁，而在1255名学生中，为了金钱而工作的人中，只有1人成了富翁。

成功学家卡耐基曾经向一位著名的成功人士请教成功的第一要素是什么，他的回答是：做自己喜欢的工作，爱上你的工作。如果你热爱自己所从事的工作，那么工作再忙再累，对你来说，都是快乐充实的事情。

工作的最高境界就是快乐。美国成功人士有94%以上都在从事自己喜爱的工作。试想，一个人如果连自己的工作都不喜欢，又怎么指望他能够做出一番成绩呢？

爱因斯坦是这样解释相对论的：当一个小伙子独自一人坐在温暖的火炉旁时，他会觉得昏昏欲睡，仿佛一分钟就像一个小时那样漫长，而当他和一个美丽的姑娘坐在冰天雪地里的时候，他会觉得时间飞逝，一小时就像一分钟那样短暂。这段有趣的话除了向我们解释相对论以外，还告诉我们另外一个道理：做自己喜欢的事，你会觉得快乐无比，充满信心，干劲十足。

看过《罗密欧与朱丽叶》这部爱情悲剧吗？那缠绵悱恻的爱情曾经打动

了多少痴情男女的心。你也一定记得它的作者——威廉·莎士比亚吧？莎士比亚是英国伟大的戏剧家和诗人，300多年来，莎士比亚的戏剧一直被人们传诵着、排演着，他成了全世界最受欢迎的作家之一。

如果你问我莎士比亚何以取得如此大的成就，我会毫不犹豫地告诉你：因为他在做自己喜欢做的事。

虽然莎士比亚赚了许多钱，但他仍然热爱戏剧，迷恋戏剧。他把国王的赏赐和自己所赚来的钱集中起来，投资建筑著名的环球剧场，而没有用来经商和做其他的生意。所以说，莎士比亚的一生是为戏剧而活着的。

心理学认为，当一个人从事自己所喜爱的职业时，他的心情是愉快的，态度是积极的，而且他也是很有可能在所喜欢的领域发挥最大的才能，创造最佳的成绩。莎士比亚就是一个有力的例证。

如果少年时代的莎士比亚听从了父亲的安排，干上了自己不喜欢的经商职业，可以想象，即使他付出再大的努力和再多的劳动，也不会比他取得的艺术成就大。对于他不喜欢的职业，他会有耐心和热情去为之奋斗吗？很难说。正因为莎翁从小就与戏剧结下了不解之缘，长大以后又得以从事自己喜爱的戏剧创作，才使他有极大的热忱和非凡的创造力为人类留下许多不朽的艺术财富。

看来，一个人在事业上取得的成就大小和兴趣有很大关系。如果你一直做自己喜欢的事，你的内心便会充满愉悦和快乐。所以，千万别逼迫自己或别人去做不喜欢的事，那样会事倍功半。

在现实生活中，许多孜孜不倦，为爱好而奋斗的人，往往心想事成，及时登陆成功的彼岸，热爱改变了他的生活。美国惠普公司总裁卡尔顿·菲奥里纳说过："热爱你所做的事；成功是需要一点热情的。"目标伟大，活动才可以说是伟大的。热爱你所做的事，是一种人生的追求目标，是一种人的欲望的载体，是一种对期待中的事物的证明，当然也是成功的一个重要前提。热爱往往和事业成功紧密联系在一起，而事业的成功则能在经济上得到相应的报偿。245名学生中有100人成了富翁，比例之高，是一个很有说服力的证据。它说明人生在世，为爱好而工作是多么要紧！

我们固然不能以获得财富的多寡，作为衡量一个人成就大小的唯一标准，但不到千分之一的致富概率，则从另一个侧面说明：一心追逐金钱的人，许多人往往不能如愿以偿。因为一个人对金钱的过分追求，会妨碍他去刻苦钻研学问和技术，会使他们失去远大的理想和信念。他们往往急于求成，热衷于急功近利。这样的人常常是目光如豆，一叶障目，不见泰山。贪婪又常常会产生各种对应的效果：许多人为了某些可疑和遥远的期望牺牲他们已有的财产；有些人因为贪婪，想得到更多的东西，抓小放大，把现有和将来的一切都失掉了。许多人一心想赚大钱，天天想淘金，结果是赚不了大钱，淘不到金子，成不了大器。

当然，话还得说回来，当一个富翁不应是人生的最高追求。人不应只为金钱而活着。说白了，你再富有，到头来，你也只能从食物中汲取同样的营养成分，在厚重的衣服中取得同样的热量，你的卧居之处不过是一张床之地。总统与平民，概莫能外。美国总统富兰克林·罗斯福说过："幸福并不在于只拥有金钱，而在于取得成就时的快乐，在于创造性努力的激动之中。工作的快乐和道德感并不一定就会淹没于对过眼云烟的利润的疯狂追逐中。"罗斯福的这段名言，是哈佛大学对美国1500名学生进行过的一项调查的最好概括。让我们以此共勉。

[愿意负责，
不去推诿]

在每年的毕业典礼上，哈佛大学的校长都会这样告诫学生，不管他们在校时多么优秀，毕业后都会是一个0，都是一张白纸，在社会的浪潮中，唯有踏踏实实干事，有责任心，不浮躁，不轻狂的人，才能成就一番大事。

在生活中，当遇到问题时，有人会找这样的借口：

我以前没遇到过类似的情况，所以才会出错；

他做决定的时候没有问我，所以与我无关；

不好意思，我实在是太忙了，没有时间。

但是另外有些人会这样说：

虽然我缺少经验，但是如果能够多了解一点情况，也许就不会出现这样的结果；

虽然他做决定的时候我不知道，但是作为上级或同事，我应该主动了解情况，所以我也有责任；

我抓紧时间赶出来，以后再也不会出现这种情况了。

将上面的两种回答比较一下，我们不难发现，后一种人比前一种人更有责任感。当然，后者也比前者更使人信任，因为只有能够主动承担责任的人，才能容易得到别人的信任，事业才更容易成功。

世界著名的哲学家、诗人马尔克思说："存在的道理就是负责任，是一种对自己和对他人的责任，只有勇于负责才能得到别人的尊重与关怀。"

所以，我们首先要有责任感，就好比当你尊重了别人，别人也会尊重你一样，当你对别人负起了责任，别人也同样会对你负起责任来。只有那些能够勇于承担责任的人，才有可能被赋予更多的使命，才有资格获得更多的荣誉。

乔·吉拉德是世界上最伟大的推销员，他连续12年荣登世界吉斯尼纪录大全世界销售第一的宝座，他所保持的世界汽车销售纪录：连续12年平均每天销售6辆车，至今无人能破。

35岁以前，乔·吉拉德是个失败者，他患有相当严重的口吃，换过40个工作仍一事无成，甚至曾经当过小偷，开过赌场；然而，谁能想象得到，像这样一个谁都不看好，而且是背了一身债务，几乎走投无路的人，竟然能够在短短3年内爬上世界第一的宝座，并被吉尼斯世界纪录称为"世界上最伟大的推销员"。他是怎样做到的呢？

他把承担责任作为职业习惯。

在走投无路时，乔·吉拉德得到了一份汽车销售员的工作。上班第一天，他靠自己的努力卖出了第一辆车，从而得以向老板预支薪水，从超市买一袋食物回家让妻儿饱餐一顿。他说："在我眼中，他（指第一个客人）是一袋食物——一袋能喂饱妻子儿女的食物，那天回家我对太太发誓，从今以后不再让她为温饱而烦恼。"因为他决定从此要坚定地承担起自己的责任，并把它变成一种职业习惯！

"通往成功的天梯是没有的，想要成功，就只能一步一步地往上爬。"这是乔·吉拉德最爱挂在嘴边的一句话。因为有严重的口吃，靠嘴谋生的乔·吉拉德只能有意放慢说话速度，结果这反而让他养成了善于聆听客户需求的职业习惯。乔·吉拉德很有耐性，不放弃任何一个机会。或许某客户5年后才需要买车，或许某客户两年后才需要送车给大学毕业的小孩当礼物，没关系，不管等多久，乔·吉拉德都会隔三岔五地打电话追踪客户，一年12个月更是不间断地寄出不同设计花样的卡片给所有客户。这已经成为了他的职业习惯。"我的名字'乔·吉拉德'一年出现在你家12次！当你想要买车，自然就会想到我！"乔·吉拉德的职业习惯真的令人折服。

乔·吉拉德还特别把名片印成橄榄绿，令人联想到一张张美钞。每天一睁开眼，他逢人必发名片，每见一次面就发一张，并坚持要对方收下。乔·吉拉德解释说：销售员一定要让全世界的人都知道"你在卖什么"，而且要一次一次地加强印象，让这些人一想到要买车，自然就会想到"乔·吉拉德"。

乔·吉拉德还有一个特别的习惯，就是喜欢在公众场合"撒"名片，例如在热门球赛观众席上，他便整袋地撒出名片，直到现在，乔·吉拉德还在保持着到处广发名片的习惯——餐厅用完餐，他总是在账单里夹上三四张名片及丰厚的小费；经过公共电话亭旁，也不忘在话机上夹两张名片。乔·吉拉德永远不放弃任何一个机会。

凭着承担责任的决心和勇气以及常年养成的职业习惯，业绩突出的乔·吉拉德有很多跳槽、升迁的机会，但是他总是拒绝，他名片上的头衔始终是"销售员"。他得意地说，"老板只做管理，真正为公司赚钱的是我！我赚的比老板还多！"这就是将承担责任作为职业习惯的乔·吉拉德给我们最好的回答。

像乔·吉拉德这样将承担责任作为一种职业习惯的员工注定是要成功的。而与此恰恰相反的是另外一种人，表面上看来对老板、对公司非常负责，实际上他所做的每一件事情，出发点都是为了自身的利益。他们很少扪心自问：拿着老板的工资，究竟为公司奉献了什么？自己不求上进，又怕别人超越自己，习惯于"只琢磨人，不琢磨事"。他们怕公司改革，认为任何改革都可能触动他们的利益。这种人其实没有真实的本领，做不出实在的业绩，即使有时侥幸做出一点成绩，也会躺在功劳簿上睡大觉。这种人是典型的投机分子，是公司中"靠不住的力量"。

可见，勇于承担责任，不仅是个人道德品质高尚的体现，也是做好本职工作的根本保证。事实上，只有勇于承担责任的人，才能被赋予更多的使命，才有资格获得更大的荣誉。而一味推卸责任、争功诿过的人，则会失去社会对自己的基本认可，失去别人对自己的信任与尊重，也失去自己的立身之本——信誉和尊严。

当然，将承担责任作为一种职业习惯并不是先天生成的，它是社会个体从责任赋予者那里接受责任之后，内化于本人内心世界的一种心理状态，这种心理状态是个体履行责任行为的精神内驱力。

因此，只要我们能将责任承担起来，履行自己的职责，做好自己的事情一定能得到好的回报。记住：让承担责任成为一种职业习惯！你所做的一切都将问心无愧。

$$\Big[\ \begin{array}{c}\text{不放过}\\\text{任何一个细节}\end{array}\ \Big]$$

　　1880年从哈佛毕业的美国第26届总统西奥多·罗斯福是哈佛学子的榜样，尤其是他重视细节的精神，更为哈佛学子们所推崇。

　　罗斯福是个重视细节的人，凡是经他签名的信函，他总要亲笔改动几个字后才发信。最初秘书认为是自己撰写得不够好，后来秘书发现他每封信件都改，有一天实在忍不住，问总统是否对所有信都不满意。罗斯福摇头说："我为了怕收信人误认为信函全由秘书代写、代打，我只是签个名而已，所以我一定要用笔改动一两个字，这样一来，每封信都增加了'人情味'，不再那么冷冰冰的了。"

　　小事成就大事，细节成就完美，在小事上认真的人，做大事成绩一定卓越，因为细节最能体现一个人的智慧和美德，完美的细节代表着永不懈怠的处世风格，也是一个人追求成功的资本。

　　生活中，细节因其琐碎，繁杂，常常为人们所忽略。然而，细节也蕴含着大量的商机，重视细节，就能够及时抓住商机，就能够获得成功。

　　细节，这个被人们很容易忽视的东西，现在却得到了越来越多人的关注。因为不论你在做什么事情，只有重视小事，关注每一细节，把小事做细、做好、做透，你才能将每一件事做成功。

　　阿里巴巴总裁马云曾说："有做小事的精神才有做大事的气魄，不要小看小事，不要讨厌小事，用小事砌起来的事业大厦才是最坚固的。"

西方流传的一首民谣，也充分说明了细节的重要作用。"丢失一个钉子，坏了一只蹄铁；坏了一只蹄铁，折了一匹战马；折了一匹战马，伤了一位骑士；伤了一位骑士，输了一场战斗；输了一场战斗，亡了一个帝国"。马蹄铁上一个钉子的丢失，本是十分微小的变化，但其"长期"效应却是一个帝国存与亡的根本差别。对于我们个人的发展来说，我们每个人的每一次细微的工作，如敲定一个符号、纠正一个错误、修正一个计划等，这些微小的行为都会对你事业的发展起到重要的影响。所以，我们无论在做什么，都不要忽视每一个微小的细节。

乔·吉拉德，被人们称为"世界上最伟大的推销员"，在他看来，做销售的人，人品比商品更重要，一个成功的推销员必须具备一颗尊重普通人的爱心，而爱心来自注重每一个细节。注重细节使他创造了12年推销出13000多辆汽车的吉尼斯世界纪录，而且车都是用零售方式、一辆一辆地卖出去的。其中有一年他曾经卖出了1425辆汽车。

一次，一位妇女来到乔·吉拉德的汽车展销室，说想要一辆白色福特轿车，她刚去了福特车行，但那里的销售人员让她过一个小时再去，所以她自己先到这里来了休息一下。

当那位妇女来到乔·吉拉德的汽车展销室时，乔·吉拉德非常热情地微笑着欢迎她进来。那位妇女很兴奋地说，今天是她55岁的生日，想为自己买一辆白色的福特车作为生日礼物。

乔·吉拉德听后，立刻很有礼貌地祝她生日快乐，随后他向自己的助手交代了几句，便领着那位妇女从一辆辆新车前慢慢走过，一边看一边详细介绍。当他们来到一辆雪佛兰前时，他建议："夫人，您对白色情有独钟，请看这辆轿车也是白色的。"恰在此时，助手将一束鲜花交到了乔·吉拉德手中，他接着把这束鲜花并把它交到了那位妇女手中，说道："祝你生日快乐。"

那位妇女双手接过乔·吉拉德送来的花，十分感动地说："先生，太感谢您了，很久没有人送礼物给我了。刚才那家福特车的推销员看到我开着一辆旧车，以为我买不起新车，所以我提出要看一看车时，他便说让我等一等，他有事要出去一下。其实我也不是非要买福特车。"最后，那位妇女开走了乔·吉拉德店里的白色雪佛兰。

注重细节，给他人带来的是一种体贴入微的舒服。这只是乔·吉拉德在创造推销奇迹中的一个小小的举动，却显示出了他对每一个顾客照顾的细微程度，也正是这些非常细小的地方使乔·吉拉德获得了成功。

细节具有一种非凡的魅力，它存在于我们的一切行为中。我们做过的每一件事，说过的每一句话，我们的举手投足，全部都由一个一个小的细节构成。

细节往往能暴露很多人们刻意要隐藏起来的东西。有人说，从女人的提包里，你能发现许多放在提包里的东西之外的秘密；翻开男人的名片夹，你就能大概知道他的活动范围。

一叶知秋，小中见大。失败常常是从忽视非常细小的地方开始的；成功则往往是从重视做好每一个细节获得的。

老子说：天下难事，必作于易；天下大事，必作于细。所以，无论做人，做事，都要注重细节，从小事做起。细节是一种创造，细节是一种动力，细节表现修养，细节体现艺术，细节隐藏机会，细节凝结效率，细节产生效益，细节是铸就成功的翅膀，细节决定人生的成败！让我们一起来注重细节吧！

务实
成就人生

曾从报纸上看到这样一个令人感慨的新闻。

美国前国务卿基辛格在步入政坛之前，是在哈佛大学执教多年的教授。后来，她出任了美国总统安全顾问、国务卿等高级职务，离开了教授岗位。按美国大学的规定，凡从政者不能兼职，必须辞去教授职务，她虽依然具有大学教授任职资格，但不再是哈佛大学的在职教授了。

基辛格从美国国务卿职位上卸任后，很想回哈佛大学再担任教授，但他同时提出不给同学上课。结果，基辛格的这个要求被哈佛大学婉言谢绝。原因是他不履行教授的任课职责，哈佛大学是不需要的。对此，时任哈佛大学校长的博克教授解释道："基辛格是个学识渊博的人，论私交，我和他的关系也不坏。但我要的是教授，不是不上课的大人物。"

从基辛格遭到哈佛大学拒聘这件事上，我们可以看出哈佛大学的务实精神。众所周知，基辛格博士作为资深政治家、外交家，曾担任过多年政界高级职务，政绩不凡，大名鼎鼎，学识和水平不同凡响，有相当的社会知名度和影响力。但是，哈佛大学却只看求职者的任职条件，不太拘泥于他的阅历和资老，名气再大，只要你不给学生上课，不履行教授的义务，就不会聘任。也就是说，哈佛大学不要虚设和挂名的教授和学者，也不用名人来包装和修饰自己。对基辛格这样的曾担任政界要职的大牌人物，哈佛也照样不给面子。

但在现实生活中，很多人却不务实，他们的想法不切实际，最后只能是竹篮打水一场空。务实是人们生活的开始，只有脚踏实地的付出努力，不管运气如何，最后都能够取得成功。

霍华·休斯曾被誉为美国的"飞机大王"，他曾是控制美国的10大财团之一的老板，也是美国环球航空公司的董事长。

这位董事长是有名的务实派，为什么这样说呢？先看一个他创业初期的小故事。

有一次，霍华·休斯和另一位美国的大富豪福斯先生开车往飞机场去，他们边开车边谈生意。福斯在滔滔不绝地谈起一笔2300万美元的大生意，并说要设法做成它。休斯听了福斯的话，二话没说，紧急将车停在路旁，因停车的速度太快，车上的人差点被甩了出去，然而休斯却并不理会这些，赶着往路旁的一家药店走去。

福斯不知怎么一回事，只好在车上等候。一会儿，休斯回来了，福斯疑惑不解地问休斯干什么去了。

"打电话，"他说，"我把我在环球航空公司（他自己拥有的公司）的那张票推掉。因为我要陪您乘另一班机。"他答完后又接着说福斯刚才提起的那单生意。

福斯笑着说："我们正在谈着2300万美元的大生意，而您为了节省150美元的机票，一声不吭地把我放在这儿下去打电话了，这么急停下来差点要把我们撞死了。"

休斯认真地回答："这2300万美元的大生意能否成功还是个问题呢，但节省150美元却是实实在在的现款。"

休斯的观点和中国的一句古话有着异曲同工之妙，即"一鸟在手胜过两鸟在林"，这并不是人们说的小气、抠门，而是注重效益，不浪费一分钱，正是在竞争中积小胜为大胜的道理，也是稳扎稳打，降低经营成本即增加收入的道理，是务实的表现。

一个务实的人，从小处着眼，大处着手，即使有着远大的目标，但是也不会放弃眼前容易得到的，不要小看每一件小的有利的事情，有句话叫船小好掉头，小事情做起来比较容易，虽然做起来要费心，但效果好，所以看重小事情的人往往能够积少成多，将成功的雪球越滚越大。

所以，从现在开始，放弃所有的不切实际的想法，脚踏实地地用自己的努力和智慧去做好每一件事。成功要靠人创造，它不会从天上掉下来，这个世界上根本就不存在天上掉馅饼的好事，任何一个成功之人的成功史，都凝聚着他们的血汗、智慧。他们从失败走向成功，都曾付出艰辛的劳动，所以，我们不仅要看到他的成功，还要看到他们的务实，他们对成功和财富的不懈追求，这才是真正值得我们学习的。

第七章

与人相处，
美在和谐处

爱心之光，
温暖他人也照亮自己

在哈佛有一座小有名气的建筑——爱默生大楼，哈佛的哲学系就设在这里。这栋以美国著名哲学家和文学家爱默生命名的大楼北大门上，铭刻着一句让许多哈佛人和参观者思量的话：什么样的人让你难忘？

每个学生从这里走过，看到这句话，都会思索一番，而每次得出的答案也不尽相同。鲁登斯坦校长给出的答案是：理解人、同情人、尊重人的人。

哈佛不仅重视对学生知识水平的培养，同时也注意呵护学生的心灵，提升他们的品德。一个饱学之士如果他的心灵是邪恶的，品德是低劣的，这将是教育的巨大失败，同时对社会来说也是巨大的危害。

普鲁特太太是哈佛大学音乐系的小提琴教授。

一天中午，普鲁特太太刚到门厅，就听见楼上的卧室有轻微的响声，那种响声对于她来说太熟悉了，是阿马提小提琴的声音。要知道阿马提小提琴是意大利著名制琴师的作品，它如今可以说是价值连城。

"有小偷。"普鲁特太太急忙冲上楼，果然，一个大约11岁的陌生少年正在那里摆弄小提琴。他头发蓬乱，脸庞瘦削，不合身的外套里面好像塞了些东西，毫无疑问是一个小偷。普鲁特太太用自己的身躯挡在了门口。

这时，普鲁特太太看见少年的眼里充满了惶恐、胆怯和绝望，那是一种非常熟悉的眼神。刹那间让她想起了往事……愤怒的表情顿时被微笑所代替，她问道："你是普鲁特先生的外甥吗？我是他的管家。前两天，普鲁特先生说你要来。没想到你来得这么快！"

那个少年先是一愣，但很快就回应说："我舅舅出门了吗？我想先出去转转，待会儿再回来。"普鲁特太太点点头，然后问那位正准备将小提琴放下的少年："你也喜欢拉小提琴吗？"

"是的，但拉得不好。"少年回答。

"那为什么不拿着琴去练习一下，我想普鲁特先生一定很高兴听到你的琴声。"她语气平缓地说。少年疑惑地望了她一眼，但还是拿起了小提琴。

临出客厅时，少年突然看见墙上挂着一张普鲁特全家的巨幅彩照，身体猛然抖了一下，然后头也不回地跑远了。

普鲁特太太确信那位少年已经明白是怎么回事，因为没有哪一位主人会用管家的照片来装饰客厅的。

那天黄昏，回到家的普鲁特先生察觉到异常，忍不住问道："亲爱的，你心爱的小提琴坏了吗？"

"哦，没有，我把它送人了。"她缓缓地说道。

"送人？怎么可能！你把它当成了你生命中不可缺少的一部分。"普鲁特先生有些不相信。

"亲爱的，你说得没错。但如果它能够拯救一个迷途的灵魂，我情愿这样做。"看见丈夫并不明白她说的话，她就将经过告诉了他，然后问道，"你觉得这么做有什么不对吗？"

"你是对的，希望你的行为真的能对这个孩子有所帮助。"丈夫说。

5年后，在一次音乐大赛中，普鲁特太太应邀担任决赛评委。最后，一位叫里特的小提琴选手凭借雄厚的实力夺得了第一名。评判时，她一直觉得里特似曾相识，但又想不起在哪里见过。

颁奖大会结束后，里特拿着一只小提琴匣子跑到普鲁特太太的面前，脸色绯红地问："太太，您还认识我吗？"普鲁特太太摇摇头。"您曾经送过我一把小提琴，我一直珍藏着，直到有了今天！"里特热泪盈眶地说："那时候，几乎每一个人都把我当成垃圾，我也以为自己彻底完了，但是您让我在贫穷和苦难中重新找到了自尊，心中再次燃起了改变逆境的熊熊烈火！今天，我可以无愧地将这把小提琴还给您了……"

里特含泪打开琴盒，普鲁特太太一眼瞥见自己的那把阿马提小提琴正静静地躺在里面。她走上前紧紧地搂住了里特，5年前的那一幕顿时重现在她的眼前，原来他就是"普鲁特先生的外甥"！普鲁特太太眼睛湿润了，少年没有让她失望。

在他人最困窘之时，能替对方保留一分自尊，给予对方友爱，在心中把美好作为信念坚守，总比把恶毒当作信念要好得多。

现在很流行这样一句话：穷得只剩下钱了。这是在说一个人很穷吗？当然不是，"只剩下钱"的怎么可能是穷人呢？但是为什么又说他"穷"呢？因为有些人虽然有很多钱，但是却没有高尚的品德，没有一颗慈善的心，精神上很贫穷。

人类历史上第一位亿万富翁洛克菲勒终生铭记一句箴言："多挣钱是为了多做贡献。"虽然他赚了很多的钱，但是一生都极为简朴。取得成功后，他全身心投入慈善事业，多方帮助穷人。洛克菲勒还出资建立了芝加哥大学和洛克菲勒大学，在1909年又创立了世界上最大的慈善机构——洛克菲勒健康和教育基金会。而他的美名也随着这些他生前所捐助的机构而流传下来。

华人首富李嘉诚，于1980年成立李嘉诚基金会，主要在教育、医疗、文化、公益事业等几方面进行有系统的资助。基金会的成立为中国的慈善事业做出了很大的贡献，2006年4月，《胡润2006中国慈善榜》在京公布，在这一年的慈善企业排行榜上，李嘉诚基金会位列第一。

他们都是在自己的事业取得成功后，积极参与到慈善事业中，从而使更多的人知晓他们和他们的企业，并且因为他们的行为而对其企业产生好感，进而更加支持他们的事业。

对于所有为慈善事业做了贡献的人，人们并没有忘记他们，而是以一种铭记的方式将他们的事迹记录了下来，并且广为传颂。有慈善之心的企业，也能够更多地得到人们的认同。

为别人着想
就是为自己着想

我们每个人都有这样的体验：当你站在镜子跟前，你笑，镜中人亦对你笑；你皱着眉头，镜中人也冲你皱眉。不管你是否意识到，在人际交往中，同样存在着这种"镜子效应"。心理学规律表明，人们之间的言行总是以善报善，以恶报恶的。在与他人交往时，我们时常发觉，我们加之于对方身上的言行，又被对方转加至你的头上了，这情形就同你站在镜子跟前一样。

在哈佛的众多校长中，劳伦斯·萨默斯是任职时间最短的一位，不是因为他的能力不够，资历不强，而是在教职员的第二次不信任投票的压力下，他不体面地"被迫辞职"。

萨默斯在美国是赫赫有名的人物。他28岁获哈佛大学哲学博士学位；1982—1983年在里根总统经济顾问委员会任职；1983—1993年受聘为哈佛大学经济学教授，并且成为哈佛大学现代历史上最年轻的终身教授；1991—1993年在世界银行贷款委员会担任首席经济学家；1991—2001年担任克林顿政府第71任财政部长。2001年，47岁的萨默斯接任哈佛校长，由于他一向行事随意，不愿为他人考虑，说话时喜欢"信口开河"，曾在公开场合说出"女性先天不如男人"的话，这种被斥为"性别歧视"的论调直接导致哈佛大学刮起了一场"反萨默斯风"，导致他与同事的关系紧张，严重影响哈佛的团队精神，于是哈佛的教职员纷纷向萨默斯投下不信任票，在教职员舆论的压力下，萨默斯只好主动辞职。

自以为是，目中无人，从不为他人考虑的人，迟早要摔跟头。而那些做事处处为他人着想，不仅能为自己获得好名声，也为周围的人所敬重，更能使自己的事业获得成功。

能多为他人着想，为对方设身处地地考虑问题，会让你赢得更多的朋友。为他人付出爱心，就是为自己种下一片希望，也就能品尝到收获的喜悦。

佛家云："种善因，得善果。"

你种下什么，收获的就是什么。播种一个行动，你会收到一个习惯；播种一个习惯，你会收到一个个性；播种一个个性，你会收到一个命运；播种一个善行，你会收到一个善果；播种一个恶行，你会收到一个恶果。

因此，在做任何一件事情的时候，你都应该用善良的心性去对待它。换句话说，你自己都不愿意去做的事情，你为何偏要别人去做呢？凡事多为别人着想，别人也会记住你的好，自然会善待你。

听过盲人提灯笼的故事吗？

有一个僧人走在漆黑的路上，因为路太黑，僧人被行人撞了好几下。他继续向前走，看见有人提着灯笼向他走来。这时旁边有人说："这个瞎子真奇怪，明明看不见，却每天晚上打着灯笼。"

僧人被那个人的话吸引住了，等那个打灯笼的人走过来的时候，他便上前问："你真的是盲人吗？"那个人说："是的，我从生下来就没有见过一丝光亮，对我来说白天和黑夜是一样的，我甚至不知道光是什么样的！"

僧人更迷惑了，问道："既然这样，你为什么还要打灯笼呢？是为了迷惑别人，不让别人说你是盲人吗？"盲人说："不是的，我听别人说，每到晚上，人们都变成了和我一样的盲人，因为夜晚没有灯光，所以我就在晚上打着灯笼出来。"

僧人感叹道："你的心地多好啊！原来你是为了别人！"盲人回答说：

"不是，我为的是自己！"

僧人更迷惑了，问道："为什么呢？"盲人答道："你刚才过来有没有被别人碰撞过？"

僧人说："有呀，就在刚才，我被两个人不小心撞到了。"盲人说："我是盲人，什么也看不见，但我从来没有被人碰到过。因为我的灯笼既为别人照了亮，也让别人看到了我，这样他们就不会因为看不见而碰到我了。"

僧人顿悟，感叹道："我辛苦奔波就是为了找佛，原来佛就在我的身边啊！"

盲人提灯笼，是怎样的一种智慧与胸怀啊！

"投之以桃，报之以李。"帮助他人也就是帮助自己，为别人提供了关怀，同时也便利了自己。

多替他人着想，文明社会需要你，你的文明将带动周围的人。多替别人着想，别人会发自内心对你尊重和理解。

学会感恩

在现实生活中，我们经常可以见到一些不停埋怨的人，"真不幸，今天的天气怎么这样不好""今天真倒霉，被老师骂了一顿""真惨啊，丢了钱包，自行车又坏了""唉，宿舍的阿姨真啰嗦"……这个世界对他们来说，永远没有快乐的事情，高兴的事被抛在了脑后，不顺心的事却总挂在嘴边。每时每刻，他们都有许多不开心的事，把自己搞得很烦躁，把别人搞得很不安。

其实，他们所抱怨的事是日常生活中经常发生的一些小事情，只是明智的人一笑置之，因为有些事情是不可避免的，有些事情是无力改变的，有些事情是无法预测的。能补救的则需要尽力去挽回，无法转变的只能坦然受之，最重要的是，学会感恩，时刻怀有一颗感恩的心，做好目前应该做的事情。

拥有一颗感恩的心，这是哈佛幸福课上经常讲授的一个课题。感恩，让我们变得富有，知道了快乐，享受了温暖；感恩，让我们成熟，让我们完美，让我们富有魅力。

这是一个哈佛学子真实的感恩故事：

1998年，正在清华大学读大二的邹健的父母双双下岗，家庭生活一下陷入了窘境。当时邹健只能一边打工一边读书，十分辛苦。后来，唐山市路南区工商分局决定每月捐助邹健400元，直到他大学毕业。

在唐山市路南区工商分局一场跨区域的捐助下，邹健顺利完成清华学业，后来圆梦美国哈佛大学。如今他已取得哈佛大学电机工程的博士学位，并在美国纽约的一家金融公司工作。为回报路南区工商分局的爱心，2006年2月14日，邹健的父亲给路南工商分局打来电话，告知邹健从美国特别寄来4000美元，他已兑换成人民币寄给了路南区工商分局。

感恩是一种生活态度，每个人都要学会"感恩"。尤其在家庭生活中，当一个人懂得感恩时，便会将感恩化做一种充满爱意的行动，同时，你也会收获到来自对方的爱意。

著名跨国公司职业经理人、哈佛大学企业管理博士后余世维先生，在《成功经理人》讲座上，谈到这样一件事：每年大年初一，他和妻子都要去寺庙烧香，但余博士是个很有意思的人，他从来不进寺庙。他妻子很奇怪地问他，为什么不进去？他说，我是个奸商，做尽了坏事，没那个脸走进圣堂去见菩萨。你可能不知道，在这之前，余博士经历了一件事情：他去德国，在一座教堂前，看到一女子跪在那里。余博士很好奇地走过去问："尊敬的女士，你为什么不进教堂里祷告呢？"那女士说："亲爱的先生，我从事着龌龊的行业，没那个脸走进耶和华的圣堂。我那生病的孩子现在好了，我只好在这里祷告，向上帝感恩。"原来这女人是妓女。

感恩是一个人与生俱来的本性，是一个人不可磨灭的良知，也是现代社会成功人士健康性格的表现，一个连感恩都不知晓的人，必定是拥有一颗冷酷绝情的心，也绝对不会成为一个对社会做出贡献的人。感恩，是一种对恩惠心存感激的表示，是每一位不忘他人恩情的人萦绕心间的情感。学会感恩，是为了擦亮蒙尘的心灵而不致麻木；学会感恩，是为了将无以为报的点滴付出永铭于心。

感恩不仅仅是为了报恩，因为有些恩泽是我们无法回报的，有些恩情更不是等量回报就能一笔还清的，唯有用纯真的心灵去感动、去铭记、去永记，才能真正对得起给你恩惠的人！

小草心存对阳光雨露的感恩，一岁一枯荣之后又萌发新绿；雄鹰心存对蓝天白云的感恩，在清寒玉宇中展翅高飞；溪水心系对巍峨高山的感恩，从山涧低吟下泻；泥土心存对广袤大地的感恩，在田野里散发沁人的芬芳。我们生活在感恩的世界里，感恩生命的伟大，感恩生活的美好。感恩父母的言传身教，感恩老师的谆谆教诲。我们感恩大自然赋予生命的一切恩泽。

感恩是力量之源，爱心之根，勇气之本。感恩父母，你将不再辜负父母的期望；感恩社会，你会轻轻扶起跌倒在地的老人；感恩人生，你将笑对狂风暴雨，笑迎天边那一抹彩虹。让我们一起学会感恩，收获别样的人生！

所以，我们每天怀有感恩地说"谢谢"，不仅仅是使自己有积极的想法，也使别人感到快乐。在别人需要帮助时，伸出援助之手；而当别人帮助自己时，以真诚的微笑表达感谢；当你悲伤时，有人会抽出时间来安慰你。

一个智慧的人，不应该为自己没有的斤斤计较，也不应该一味索取和使自己的私欲膨胀。学会感恩，为自己已有的而感恩，感谢生活给你的赠予。这样你才会有一个积极的人生观和健康的心态。

谦卑是人际关系的润滑剂

人的一生在不断变化着，人的欲望也随之千变万化。然而，在这个物欲横流的年代里，人类的欲望是永远无法满足的。而能够抵挡住形形色色诱惑的人更可谓凤毛麟角。有人认为，一个人最难得的是当他在名扬天下的时候，依然可以保持最初的谦逊之心。

谦虚是一种美德，哈佛大学的教授杜维明总是教育他的学生们要懂得谦虚的重要性。他曾经对学生说："其实，每个人都是平等的，都有属于自己的高度。如果你们总是一味地抬高自己的高度，那将永远无法看清自己和别人的真实高度。只有真正明白了这些，你们才可能成为出色的人才。"杜维明是从事研究中国历史学的教授，他为人幽默、正直，因此学生们都喜欢上他的课。他经常给学生们讲关于马歇尔将军的故事。

杜维明口中所说的乔治·马歇尔是美国历史上的一代名将，他曾经在第二次世界大战中担任美国陆军参谋长，对建立国际反法西斯统一战线做出了重要的贡献。

1939年9月1日，美国总统罗斯福任命马歇尔为陆军参谋长，并正式授予他少将军衔。就在这一天，德国向波兰发起了闪电进攻，两天后，即9月3日，英法政府对德国宣战，第二次世界大战全面爆发了。

第二次世界大战全面爆发后，美国并没有立刻被卷入战争。当时，国内有人提出应该尽量避免被战争波及，还有一些人认为应该积极地面对战争。但是马歇尔将军表示，这场战争来势凶猛，无论美国政府如何应对，都改变不了要卷入战争的命运。他支持总统罗斯福的援英战略，同时，他认为自己作为陆军参谋长应该积极备战，而且他相信援英战略可以让英国为美国赢得充足的备战时间。

1941年12月7日，日本偷袭美国的珍珠港，著名的太平洋战争由此爆发。

珍珠港事件的发生给美国的经济造成了严重的打击，这一空前绝后的偷袭事件震怒了美国政府。当时，美国的许多军队统帅都遭了严厉的处分——尽管马歇尔也受到了政府的质询和责难，不过没有谁想要将他撤职，也没有谁再对他曾提出的美国参战的主导设想表示异议。

1943年11—12月，在以美国总统罗斯福、丘吉尔和斯大林为代表召开的德黑兰会议上最终决定，美、英军队将在1944年5月登陆法国北部的诺曼底地区，并将这一次登陆战役称为"霸王"行动。

不久后，美、英军队成功登陆诺曼底地区。而这场战役的成功主要得益于指挥"霸王"战役的盟军最高司令马歇尔。在接下来的战役中，美国陆军和航空队同时活跃在世界的6大战场上。通常情况下，战士的士气会由于战线较长而大大减弱，但让人意外的是美国的军队一直士气高涨。这必须归功于马歇尔将军在华盛顿时的运筹帷幄。身为美国陆军参谋长的马歇尔将军，他统筹协调军中各路人马、军需物资，细致安排所有工作，为战斗的最后胜利提供了强有力的保障。

为表彰马歇尔卓越的功绩，美国众议院和罗斯福总统共同决定授予马歇尔"陆军元帅"的头衔，这是美国历史上的最高荣誉，但是马歇尔拒绝了这项荣誉。许多人对此表示不解，马歇尔幽默地回答："一想到你们以后要称我为'Field Marshal'（陆军元帅），我就觉得非常奇怪。"其实，马歇尔拒绝接受元帅头衔的真正原因是因为卧病在床的潘兴上将，如果他接受了这项荣誉，他的军衔将高于潘兴的军衔。

……

人与人之间相处要谦卑，不论晚辈与长辈之间，夫妻之间、同学、同事之间……弟兄姊妹间相处更是要彼此谦让。心高气傲、自以为是的人，人际关系会很孤立。

富兰克林曾讲道：缺少谦虚，就是缺少见识。

所以，一个人千万不要让种种成见紧锁你的思维、不要让恃才傲物的行为阻碍你人际关系的拓展。也就是说不要人为地把自己置于真实的大门之外，要步入人生的新境界、新领域、新人群，去领略新天地的美丽，就必须谦虚地让自己接受和适应许多新的方式、新的观念。要学会拓宽思维，建立理解和谐的人际关系。

人啊，看轻别人很容易，要摆平自己却很难。一个人不能改变他人，但可以改变自己。使自己变得坦然、真诚，并懂得如何去和别人沟通。

无数事实证明：低调做人与潜心做事是成比例的。没有脾气就没有威严，轻易发怒便会丧失自己的尊严。迷乱的妄想和无休止的欲望，驱使许多人舍命的夺取，却忘了看清生存的本来面目。令人失去理智的，是外界的诱惑；最终耗尽一个人精力的，是他自己的贪欲。

人要培养气韵，让身上少一些傲气、邪气；多一些浩然正气。

心态平和，是一种理性的平和，是人格升华和心灵净化后的境界，是远见、宽容和睿智的结晶。凡成就大事者，没有得意忘形的。他们无论立了多么大的功劳，创立了多么大的基业，仍然脚踏实地地奋斗着。

不吹嘘、不狂傲、不藐视他人、不抬高自己。能做到"胜不骄，败不馁"，懂得"满招损，谦受益"的道理，这样的人才有自知之明、有自制力、有修养。

帮助别人就是帮助自己

哈佛告诉学生：没有人能够过绝对孤独的生活。在社交关系网络中，要用自身的魅力和人格去赢得众多的朋友。给别人行方便，力所能及地帮助别人，你的生活会更加愉悦，成功也会离你更近。

哈佛校长查尔斯·伊里特博士因为拥有许多朋友，而成为一位受人尊重的杰出大学校长。他在学生问他为何有那么多朋友的时候时说："真心地付出，努力为对方付出你宝贵的时间，付出你的精力，诚心诚意地去帮助他人。"

在追求成功的过程中，任何人都离不开与他人的合作，尤其是现代社会，如果你想获得成功，就应该想方设法获得周围人的支持和帮助。那么，怎么才能得到他人的合作呢？答案就是主动帮助他人，只有你真诚地去帮助别人，别人才会心甘情愿地和你合作，在你遇到困难的时候，挺身而出。请记住那句话，帮人就是帮自己！

很久以前，有一位瞎子和一位跛子因为不能顺利去食堂吃饭而苦恼。后来瞎子灵机一动，对跛子说："老弟，我背你，你给我引路，咱们一道去食堂吃饭，怎么样？"跛子听后，欣然答应了。于是两个残缺的人合为了一个完整的人，成功地吃到了饭。

从这个故事中，我们可以深深地感悟到人与人之间的相互帮助是何等重要。从某种意义上说，我们每个人都是"瞎子"或"跛子"，如果我们能够相互支撑，那么我们就可以干成许多本来干不成的事，享受到更多成功的欢乐。

因而接受帮助和帮助别人，确实是一种生活的艺术。

一位哲人说："一个不肯助人的人，他必然会在有生之年遭遇到大困难，并且大大伤害到其他人。"是的，人是不可能脱离周围这个世界的。你的衣食住行，你的交际娱乐，都与别人存在着千丝万缕的联系；你的一言一行，你的一举一动，无不对别人产生或大或小的影响。我们必须认识到"我为人人，人人为我"的互助作用，人与人只有学会相互扶持，学会助人，乐于助人。如果你撑一把伞给我，我撑一把伞给你，我们就能共同撑起一个完整而和谐的世界。

帮助别人，从本质上说是一种付出和奉献，但从效果上看，你在帮助别人的同时也获得了人格的提升。况且，有些人因为帮助别人，甚至还得到了意想不到的回报。

霍尔巴赫曾这样阐述："人爱其他社会成员其实就是爱自己；帮助别人也就是帮助自己；在为别人做出牺牲时，他做出的牺牲也就是为了自己的幸福。"这反过来表述就是：如果人不爱其他社会成员，其实就是不爱自己；不帮助别人也就是拒绝别人帮助自己；不为别人做出牺牲也就是放弃了自己的幸福。

香港"景泰蓝大王"陈玉书先生曾讲起他创业初期的一个故事：一次，他在一公园里漫步，偶然碰见一位女士和她的孩子在玩荡秋千。由于这位女士身单力薄，玩得十分吃力。于是他就主动上前帮忙，使她们玩得很开心。临走时，这位女士留给他一张名片，说以后若需要帮忙可以来找她。原来这位女士竟是某国大使的夫人。后来他通过这位女士弄到了一张一批运往香港的货物的通行证，从中赚了一大笔钱，由此成为他事业的一个起点。

由此可见，帮助别人，往往也是在帮助自己。生活的哲理是：有付出，必有收获；你帮助的人越多，那你因此而得到的回报也就越多。纵观古今成功之人，没有一个不是乐于助人、善于帮助他人的人。

商品社会使越来越多的人学会了"势利眼"，他们忙于太多的"锦上添花"而不是"雪中送炭"，有的人为了自己的利益，损害别人的利益，还常常玩个"落井下石"。其实，我们应该明白，世事无常，谁都不知道将来会需要谁的帮助，与人方便，自己方便，何乐而不为呢？生活当中正因为有了像陈玉书这样真诚助人的人，才让我们感到了人间的温暖，而当你帮助别人时，虽然是无意的，但无心插柳柳成荫，也许会为自己带来机遇和成功。

帮助别人就是帮助自己，生活中当你为别人付出时，本身就会体验到快乐，因为付出也是一种快乐。为别人付出你的爱心，也就种下了一片希望，就会有硕果累累的一天，更能品尝到丰收的喜悦。

朋友，如果你想获得成功，请乐于助人。人心都是肉长的，你对别人好，别人也一定会对你好。所以当你生活在一个相互支撑的世界中时，你会倍感幸福与温馨。

做事要留有余地

哈佛告诉学生：给别人留有余地，就是给自己留后路。即使是敌人，也不要将其置于死地。每个人都会有在悬崖边上的经历，想想此时你的处境，就不会再把别人往悬崖下面逼了。

狮子发现了一只小鹿，便凶狠地向它扑去。小鹿见状，撒腿就跑，不料慌忙之中，掉入了一口井里。井口离地面很高。小鹿在井水里拼命扑腾着，想跳到地面上来。

狮子跑了过来，见状便捡起一根木棍，趴在井边，使劲地捣井中的小鹿。小鹿逃生不得，情急之中紧紧地抱住了木棍，想抓住木棍爬上来。狮子大为恼火，它拼命往回抽木棍。想摆脱小鹿，哪知小鹿却死死抓住木棍不放。狮子急了，为了抽回木棍，它便把身子往前倾了倾，却没想到身体失重，自己也一下子掉进了水井里。

凡事都不能把别人往死里逼，而应有一颗宽容之心，得饶人处且饶人。如果做事太过分，没有分寸，只想着把对手往悬崖下逼，那么，先掉下悬崖的往往是你自己。

真正打败对手不是让其消失或将其逼向绝路，而是让其变成自己的朋友。这是一种生存的大智慧，也是一种豁达。这需要你凡事给别人留有余地，说话办事均如此。

古语云：日中则移，月满则亏，水满则溢。我们在做事情时，凡事要留有余地，这样就可以给自己留有周旋的空间。事做尽做绝，如同话说尽说绝一样，不是伤人就会被别人伤。当事情做到尽处，力、势全部耗尽，想要改变就难了。杯子里装满了水，当然再也倒不进去。在所有的事情中都要有所保留，以便容纳一些"意外"，给自己留有后路，留下回旋的余地。给别人留有余地，也就是成就自己。

乾隆皇帝下江南的时候，看见了一家"万货商店"，他就进去问老板："你这里有万种货物吗？"老板不知天高地厚地说："岂止一万种，你想要什么，就有什么。"乾隆就说："那我买一把金子做的锄头，你有吗？"这下老板无话可说了。

乾隆就对他说："话不能说满，还是将这万货商店改为百货商店吧！"老板只好乖乖地将店名改成了百货商店。如果说话说得太绝对，做事不留有余地，就会像这老板一样，会使得自己到时候很难堪，很被动。话不要说满，事不要做满，这不是没有道理的。

技术精湛的雕刻师傅在进行创作时，总是将鼻子弄大一点，将眼睛弄小一点。因为大鼻子可以改小，如果一开始就把鼻子刻小了，那以后就没有办法补救了；眼睛小了可以加大，而大了就没有办法变小了。

为人做事，同样也是这样一个道理。人在社会，无论是做人还是做事，都要留有余地。就是要给人一个机会、一个空间、一个希望。与人方便，自己也方便，这实际上就是给自己创造了更多发展的机会和空间。

日本松下幸之助因其管理方法先进，被商界奉为神明，他就善于给别人留有余地。后腾清一原是三洋公司的副董事长，慕名而来，投奔到松下公司，担任厂长。他本想大有作为，不料，由于他的失误，一场大火把工厂烧成一片废墟，给公司造成了巨大的损失。后腾清一十分惶恐，认为这样一来，不但厂长的职位保不住了，还很有可能被追究刑事责任，这辈子就完了。因为他知道松下是不会姑息部下的过错的，有时为了一件小事也会发火。但这一次让后腾清一感到欣慰的是松下连问也没问，只在他的报告后批了四个字：好好干吧！松下的做法深深地感动了后腾，由于这次火灾发生后没有受到任何惩罚，他心怀愧疚，对松下更加忠心效命，并以加倍的工作来回报松下，他为公司创造的价值远远大于那个工厂。

松下给下属留了余地，也给自己留了余地，留下了更快发展的道路。如果松下断了后腾清一的路，自己快速发展的路也就没有了，要记住，敲碎别人的饭碗，自己的饭碗也脆。

著名的哲学家、教育家苏格拉底曾经说过："一颗完全理智的心就像一把锋利的刀子，会割伤使用它的人。"在这个世界上，没有完全绝对的事情，就像一枚硬币一样，具有它的两面性。因此，我们做人做事不要太绝对，要给自己和他人留有余地。

世界上的事情总会有那么一点意外，要学会留有余地，就是为了去容纳这些"意外"。杯子留有余地，就不会因为加进去液体而溢出来；气球留有空间便不会爆炸；人说话、做事留有余地便不会因为"意外"的出现而下不了台，能使自己有回旋的余地。

赞美让你更受欢迎

哈佛告诉学生：赞美是人际交往中最好的润滑剂。它不同于奉承，不必虚伪，只要你愿意承认别人的长处。它既激励了别人，又方便了自己。这样实惠而不费力的事，何乐而不为呢？从真诚的称赞开始，你会发现一个美丽的新世界。

约翰·洛克菲勒在人际交往中善于运用真诚来赞美他人，以此来维系良好的人际关系。

一次，洛克菲勒的一个合伙人爱德华·贝德福特，在南美的一次生意中，使公司损失了100万美元。然后，贝德福特丧气地回来见洛克菲勒，洛克菲勒本可以指责他的过失，但是他并没有这样做，他知道贝德福特已经尽力了，更何况事情已经发生了，不能因此而把他的功劳全部抹杀，于是洛克菲勒另外寻找一些话题来称赞贝德福特，他把贝德福特叫到自己的办公室，对他说：

"这太好了，你不仅节省了60％的投资金额，而且也为我们敲了一个警钟。我们一直都在努力，并且取得了几乎所有的成功，还没有尝到失败的滋味。这样也好，我们可以更好地发现自己的错误和缺点，争取更大的胜利。更何况，我们也并不能总是处在事业的巅峰时期。"

几句话，把贝德福特心里夸得暖乎乎的，并下决心要东山再起。

不要总想着自己的成就，需要，而指责别人的错误，应尽量发现别人的优点，然而不是出于奉承，而是出自真诚地去赞美他，因为你在真诚地赞美他时，他也会在心里默默地感激你。

每个人都喜欢受到别人的赞美。即使是一句简单的赞美之词，也可使人振奋和鼓舞，使人得到自信和不断进取的力量。

每个人都渴望得到别人和社会的肯定和认可，我们在付出了必要的劳动和热情之后，都期待着别人的赞许。那么，把自己需要的东西，首先慷慨地奉献给别人，体现的是我们的大方和成熟。赞许别人的实质，是对别人的尊重，也是送给别人的最好礼物，是搞好人际关系的一笔暂时看不到利润的投资。它表达的是我们的一片善心和好意，传递的是你的信任和情感，化解的是你有意无意间与人形成的隔阂和摩擦。对人表示赞许有如此多的好处，你何乐而不为呢？

世界上的人大都爱听好话，没有人打心眼儿里喜欢别人来指责他，就是相濡以沫的朋友，你批评他几句，对方往往脸上也有挂不住的时候。

美国哈佛大学的专家斯金诺，通过一项研究证明，连动物在收到鼓励的刺激后，大脑皮层的兴奋中心也会开始调动子系统，从而影响行为的改变。同样的道理，人类作为万物的灵长，期望和享受欣赏是最基本的需求之一。一位日本的社会心理学家说过："人们对你赞誉、佩服或表示敬意时，除非显而易见地是溜须拍马，即使是应酬话，你也觉着舒坦。可是，听到他人对你不中听的批评时，即使他没有恶意中伤，而且又部分符合实际，你也可能使你长期对他抱有反感。"这位心理学家的话恐怕不仅仅是对日本人而言的，中国也有相同的经验之谈，不过言简意赅，没那么具体。"多栽花，少栽刺"，就是这方面既直接又深富哲理的良策警语。

一般人身上，都有着难以察觉的闪光点，而这些正是个人价值的生动体现。一个伟大的领导者，往往独具慧眼，大多是发现别人闪光点的专家。

既然赞扬是人际交往的润滑剂，我们就要在和周围人相处的过程中，毫不吝啬地赞扬别人，使赞许获得广大而神奇的效用。在一所高等学府实验室工作的一位家庭主妇，经常与机器和数据打交道，难免谨慎和刻板。然而不久前朋友们却发现这们妇女年轻了许多，不仅待人热情洋溢，而且穿戴打扮也焕然一新，遇到开心的事情时，笑声爽朗，很是动人。众人很纳闷，她怎么像换了个人似的？细问之下，才知道她近来调换了一个工作环境，那里年轻人多，气氛融洽，顶头上司又是一个充满活力、很会说笑话的人，非常赞赏她工作的认真和负责，不失时机地给予她应有的鼓励和赞美，她也感觉到自己好像突然生活在另外的世界里，阳光灿烂，空气清新，充满了朝气。

这个妇女的经历说明，赞扬不仅能改善人际关系，而且能改变一个人的精神面貌和情感世界。赞扬的过程，是一个沟通的过程。通过赞扬，你得到了对方的欣赏和尊重，自己享受了自尊、成功和愉快，你的精神面貌还能不充满盎然的生机吗？

马斯洛需要层次理论认为：自尊和自我实现是一个人较高层次的需求，它一般表现为荣誉感和成就感。而荣誉和成就的取得，还需得到社会的认可。赞扬的作用，就是把他人需要的荣誉感和成就感，拱手相送到对方手里。当对方的行为得到你真心实意的赞许时，他看到的是别人对自己努力的认同和肯定，从而使自己渴望别人赞许的愿望在荣誉感和成就感接踵而来时得到满足，并在心理上得到强化和鼓舞。他就能养精蓄锐，更有力地发挥自身的主观能动性，向着自己的目标冲击。

第八章

克服人性的弱点，做人生的赢家

控制好
自己的情绪

哈佛经济学教授詹纳斯·科尔耐说："我把在控制情绪上的软弱无力称为奴役。因为一个人为情感所支配，行为便没有自主之权，而受命运的宰割。"

人从一出生，就会有情绪，情绪伴随你一生。欢乐、悲哀、忧伤、愤怒、恐惧，正如自然界冬去春来，日出日落、花开花谢一样，人的情绪也会时好时坏，但情绪的好与坏，对人的影响是完全不一样的。

善于控制情绪的人，才真正掌握了自己的命运。一个随意让情绪"喷"出来而不能自控的人，一定是与成大事无缘的，因为缺乏自制和忍耐，让自己的生活极为可怕。这是从一个十分普通的事件中发现的。这项发现使拿破仑·希尔获得了一生当中最重要的一次教训。

一天，拿破仑·希尔和办公室大楼的管理员发生了一场误会。这场误会导致了他们两人之间彼此憎恨，甚至演变成激烈的敌对状态。这位管理员为了显示他对拿破仑·希尔一个人在办公室工作的不满，就把大楼的电灯全部关掉。这种情形一连发生了几次，有一天，拿破仑·希尔到书房里准备一篇预备在第二天晚上发表的演讲稿，当他刚刚在书桌前坐好时，电灯熄灭了。

拿破仑·希尔立刻跳起来，奔向大楼地下室，他知道可以在那儿找到这位管理员。当拿破仑·希尔到那儿时，发现管理员正在忙着把煤炭一铲一铲地送进锅炉内，同时一面吹着口哨，仿佛什么事情都未发生似的

拿破仑·希尔立刻对他破口大骂，一连5分钟之久，他用热辣辣的词句对

他痛骂。

最后，拿破仑·希尔实在想不出什么骂人的词了，只好放慢了速度。这时候，管理员直起身体，转过头来，脸上露出开朗的微笑，并以一种充满镇静与自制的声调说道："呀，你今天有点激动吧，不是吗？"

他的话就像一把锐利的短剑，一下子刺进拿破仑·希尔的身体。

想想看，拿破仑·希尔那时候会是什么感觉。站在拿破仑·希尔面前的是一位文盲，他既不会写也不会读，但他却在这场战斗中打败了自己，更何况这场战斗的场地及武器，都是自己挑选的。

拿破仑·希尔的良心受到了谴责。他知道，他不仅被打败了，而且更糟糕的是，他是主动的，又是错误的一方，这一切只会增加他的羞辱。

拿破仑·希尔再次来到地下室后，把那位管理员叫到门边，管理员似乎以平静、温和的声音问道：

"你这一次想要干什么？"

拿破仑·希尔告诉他："我是回来为我的行为道歉的——如果你愿意接受的话。"管理员脸上又露出那种微笑，他说："凭着上帝的爱心，你用不着向我道歉。除了这四堵墙，以及你和我之外，并没有人听见你刚才所说的话。我不会把它说出去的，我知道你也不会说出去的，因此，我们不如把此事忘了吧。"

拿破仑·希尔向他走过去，抓住他的手，使劲地握着。拿破仑·希尔不仅是用手和他握手更是用心和他握手，在走回办公室的途中，拿破仑·希尔感到心情十分愉快，因为他终于鼓起勇气，化解了自己做错了的事。

此后，拿破仑·希尔下定了决心，以后绝不再失去自制。因为一旦失去自制，另一个不管是一名目不识丁的管理员，还是有教养的绅士——都能轻易地将自己打败。

在下定这个决心之后，希尔身上立刻发生了显著的变化，他的笔开始发挥出更大的力量，他所说的话更具分量。他结交了更多的朋友，敌人也相对减少了很多。这个事件成为拿破仑·希尔一生当中最重要的一个转折点。拿破仑·希尔说："这件事教导我，一个人除非先控制了自己，否则他将无法控制别人。它也使我明白了这两句话的真正意义：'上帝要毁灭一个人，必先使他疯狂。'"

不能控制自己情绪的人，犹如大海上被狂风巨浪凌辱的一叶扁舟，完全丧失了自我。对于自己变化多端的情绪，我们不要听之任之，因为只有积极主动地改变自我，控制好自己的情绪，才能掌握好自己的人生。

日常生活中，我们是否经常不能静下心来，平心静气思索一些有关人生问题的答案，而是显得忙碌、急躁和不安呢？在每一个人内心中都存在着内在的声音，这是造物者要传达给我们的信息，它隐含了智慧、宁静、喜悦及力量，虽然它很细微，但是只要我们能够摒除忧虑、烦躁、恐惧、紧张、愤怒的情绪，每一个信息我们都可以听得见。

一个善于控制自己情绪的人，才会真正掌握自己的命运。因为一个人只有明白了情绪的变化所带来的利弊时，才能体察到别人情绪的变化，也才能宽容那些怒气冲天的人，也才会变得随和亲切。

所以，当一个人不再情绪化时，就不会再只凭自己的好恶来判断一个人，也不会因一时的冲动与人绝交，他的视野就会变得越来越宽阔，心胸越来越博大，志向越来越高远，那么，成功也就会离他越来越近。

嫉妒是一根 伤人害己的刺

素不相识的人走在一起，这本来是一件幸事。不过，总有个别人看着他人比自己做得优秀了，背后说人家风凉话。你嫉妒别人吗？你被别人嫉妒吗？遇到这样的事，你会怎么处理？

有一天，哈佛心理教授威廉·詹姆斯的办公室里来了一位叫作露西的女生。她正在为自己的人际关系烦恼，她感到自己被彻底孤立了。

威廉教授看着眼前的女生，"你必须告诉我他们到底为什么孤立你，就我目前所知，你是一个很讨人喜欢的女孩子。"教授温和地说。

在高中时，露西是班里成绩最出色的孩子，所以她很幸运地成了哈佛大学的一名学生。然而，到了哈佛以后，她发现这所学校遍地人才，以前优秀的自己到了这根本不算什么。

大二的时候，学校要举行一场时装设计比赛，这刚好是她的强项，露西觉得展示自己才能的机会来了。与露西同寝室的一个女生艾米也报名参加了学校的比赛。比赛结果大大出乎露西的意料，艾米得了学校的特等奖，并且将代表学校参加国家级比赛。

露西无法接受这个事实，于是趁艾米不在寝室之际，露西将她准备用于参加全国比赛的作品毁掉了。因为艾米的作品关系到学校的荣誉，从那以后，露西就被同学们孤立起来了。

找到了事情的根源，问题就好解决了。教授告诉露西："以后一定要努力克制自己的嫉妒心理，恭喜他人的成功才是最容易获得智慧及成功的人。

露西回去后即按照教授的话去做，为每一个同伴的成功而感到真实的幸福。在毕业之前，她终于获得了同学们的谅解，重新被他们所接纳。

美国剧作家佩恩说："嫉妒者对别人是烦恼，对他们自己却是折磨。"

日本学者诧摩武俊在《嫉妒心理学》一书中说："所谓嫉妒，就是自己以外的人占了自己优越的地位，或者是自己宝贵的东西被别人夺取、或将被夺取的时候产生的感情。"任性的弱点中，危害最大的就是嫉妒，它存在于每个人的内心，像一颗毒瘤一样危害着人的心灵健康。

嫉妒心理是一种比较常见的心理现象，不同的嫉妒心有着不同的嫉妒内容，比如，地位、名誉、爱情、美貌等等。嫉妒的心理可以这样来描述：看见别人升职了，连说"恭喜"的语调都不对劲："你行，干得挺好，这回又能给你涨工资了。"背后里则说："什么呀？我觉得他不够格，也不知道怎么选的人。升谁不好，怎么就升了他？"在嫉妒心的影响下，即使别人很有能力，你也会怀疑人家，总认为自己才是最出色的，而别人的成功靠的只是一时的运气，甚至你还可能在背后说三道四。

当职场中人产生嫉妒时，多数人虽然心里不满，但能顺其自然，不过分计较，也有的人则会对此耿耿于怀，或者直接找领导去辩理，或和他看不惯的人吵架，或者悄悄地用心计，和自己的"假想敌"争宠，钩心斗角，也有的人则把对"假想敌"和领导的不满长期压抑在心里，一个人生闷气，甚至有人因此闷出病来。这些情况都可以称为"职场嫉妒症"。

"职场嫉妒症"的危害很多，虽然嫉妒可能有一定的现实基础，但这毕竟是一种心理层面的敌意与竞争，既容易造成同事间不必要的冲突，也可能得罪领导，形成人际关系的恶性循环，对自身的健康不利。

嫉妒心是职场中很容易出现的一种正常现象，但如果处理不当，可能会给自己的人际关系带来很大的困扰，形成办公室里的不好氛围。因此，当你产生嫉妒时，要及时调整自己的心态，将嫉妒赶走。

一般来说，摆脱嫉妒首先要正确评价自己，看到自己的长处。嫉妒别人时看到的是别人的优点没有看到他的缺点，人们总习惯拿自己的短处和别人优点比较，从而激发自己的嫉妒心理。

其实，任何人与他人相比，都有不如他人的地方，你应该少去关注自己做得不好的方面，而去关注自己比较擅长的方面。所以，当别人某一方面超过自己时，你可以有意识地想想自己比他强的地方，这样你失衡的心理就会得到平衡。

赶走懒惰
这个恶魔

懒惰是人的一种本性，是一种心理上的厌倦情绪。它的表现形式多种多样，包括极端的懒散状态、轻微的犹豫不决两种。嫉妒、生气、羞怯等都会引起懒惰，使人无法按照自己的愿望活动。

懒惰的力量如此巨大，因为经年累月的沉淀，它可以钳制人的思想意识，并令人对习惯性的行为和思维产生巨大依赖。所以，能够突破懒惰的人，在某种程度上说，都是勇敢的人，也是坚韧不拔的人。我们要远离懒惰，避免它的滋生和蔓延，避免它的纠缠和牵绊，尽全力让自己变成生活的勇士，在事业和人生的角斗场披荆斩棘，一路前行。

哈佛告诉学生：做每一件事不一定都能成功，但不做一定没有机会得到成功！要想成功，你一定要把懒惰的习惯扔得远远的。

从前，有两个朋友，结伴去遥远的地方寻找人生的幸福和快乐。一路上风餐露宿，在即将到达目的地的时候，遇到了一条风急浪高的大河，而河的彼岸就是幸福和快乐的天堂。关于如何渡过这条河，两个人产生了不同的意见。一个人建议采伐附近的树木造一条木船渡过河去；另一个人则认为无论采用哪种办法都不可能渡过这条河，与其自寻烦恼和死路，不如等这条河流干了，再轻轻松松地走过去。

于是，建议造船的人每天砍伐树木，辛苦而积极地制造船只，并顺带着学会了游泳；另一个人则每天躺下休息睡觉，然后到河边观察河水流干了没有。

直到有一天，已经造好船的人准备扬帆渡河的时候，另一个人还在讥笑他的愚蠢。

不过，造船的人并不生气，临走前只对他的朋友说了一句话："做每一件事不一定都能成功，但不做一定没有机会得到成功。要想成功，你一定要把懒惰的习惯扔得远远的。"能想到河水流干了再过河，这确实是一个"伟大"的创意，可惜的是，这不过是个注定失败的"伟大"创意而已。这条大河终究没有干，而那个造船的人经过一番风浪后到达了彼岸。这两个人后来在这条河的两岸分别定居了下来，也都衍生了许多子孙后代。渡过河的一边叫幸福和快乐的沃土，生活着一群我们称之为勤奋和勇敢的人；等河干的一边叫失败和失落的原地，生活着一群我们称之为懒惰和懦弱的人。

懒惰是一种病，它慢慢地在你的身体里蔓延，然后渐渐地侵蚀你的身体，你的心灵，你的每一个细胞，然后统治你生活的全部。它就像用凉水煮青蛙一样，一开始你没有什么特别的感觉，你一点点地给自己找着懒惰和拖延的借口，一次次地懈怠，渐渐地，这就成为了你的习惯，成为了你的生活方式，你的头上也被冠上了一个懒惰的光圈！当你忽然醒悟的时候，或许光阴已流逝到无法挽回的地步。

人生只是短暂的一瞬间，生命的弓弦应该是紧绷不松的。所以，生命不息，奋斗不止，应该是每个人生存的原则。一个人只有战胜了惰性，便是战胜了自己，而后，便会拥有成功与幸福。

美国小说家马修斯说："勤奋工作是我们心灵的修复剂，它是对付愤懑、忧郁症、情绪低落、懒散的最好武器。有谁见过一个精力旺盛、生活充实的人，会苦恼不堪、可怜巴巴呢？英勇无敌、对胜利充满渴望的士兵是不会在乎一点小伤的。当你的精神专注于一点，心中只有自己的事业，其他不良情绪就不会侵入进来。而空虚的人，其心灵是空荡荡的，四门大开，不满、忧伤、厌倦等各种负面情绪，都会乘虚而入，侵占你整个心灵，挥之不去。"

同样的一件事情，积极主动的人总是能又快又好地将它做完，从来都不用担心获得的利益；懒惰的人总是在做事的时候三心二意，慢慢腾腾的，他的事情永远是最后一个完成，这样不但不能获得更多的利益，自己的生计也会面临着很大的困境。

正因为这样，有自知之明的人即使成功了，也不会让自己的生活太安逸，以保持勤奋进取的精神境界。

勤奋的努力如同一杯浓茶，比安逸的生活更有益于人。如果一个人毕生都能够坚持勤奋努力，这本身就是一种了不起的成功，它使一个人精神上焕发出来的光彩，绝非胸前的一打奖章所能比拟。

所以，当你找出懒惰的理由来为自己开脱时，要先想想，自己为什么被懒惰所俘而不愿意将精力用于更具体的行动上呢？

克服骄傲，做事谦虚一点

人常说：骄兵必败。人一骄傲起来，纵有天大的本领，都会"独木不成林"，什么都做不好。但人最难抑制的情感是骄傲，尽管你设法掩饰，竭力与之斗争，但它仍然存在。即使我相信已将它完全克服，我很可能又因自己的谦逊而感到骄傲。

总有一些学生，进入哈佛大学后，以为自己高人一等，从而扬扬自得，骄傲自满起来。为此，哈佛的教授们总是规劝学生们要谦虚和低调，克服自以为是的毛病。杰尔克·摩尔教授告诫学生："你们没有什么值得炫耀的，很多没有上过哈佛的人做出了更突出的成绩，而很多哈佛毕业的学子并没有做出多少社会贡献，所以你们千万不要学年轻时候骄傲自满的富兰克林。"

本杰明·富兰克林是18世纪美国的科学家、实业家、社会活动家、思想家和外交家。他是美国历史上第一位享有国际声誉的科学家和发明家，影响了一代又一代的美国青年。为了对电进行探索，他曾经做过著名的"风筝实验"，并设计制造出避雷针。他对气象、地质、声学及海洋航行等都有研究，并取得了不少成就。他还是一位优秀的政治家，曾积极投身革命运动，是美国独立战争的老战士，为人公正、诚实、正直。他参与起草了《独立宣言》和美国宪法，积极主张废除奴隶制度，深受美国人民的爱戴。

就是这样一位备受尊重的伟人，在年轻的时候，却有一段非常自负的经历。

富兰克林几经周折，创办了自己的印刷所。这本来是个规模很小的企业，但由于富兰克林吃苦耐劳，讲求信誉，注意经营管理，最后不仅在印刷界激烈的竞争中逐渐站住了脚，而且把业务扩大到邻近几个州甚至西印度群岛，其影响力不断增强，成为北美洲印刷出版行业中的佼佼者。事业的蒸蒸日上让年轻的富兰克林自以为自己无所不能，将一切都不放在眼里。

有一次，因为一个合约出现失误，富兰克林损失严重，他抱怨一位朋友没有及时提醒他。他的朋友说："你平时总是摆出一副自以为是、无所不知的样子，哪能够听得进别人的劝告呢？你过分的强硬使别人难以和你沟通，你从来不考虑别人的感受，而是主观地以自己的想法办事，没有尊重过别人的意见，所以也就没有人愿意去给你提出建议了。"另外一位朋友还说"我们不知道和你说什么，因为你好像什么都知道，我们没有什么东西值得你去学习啊"。

听了朋友的话，富兰克林感到很惭愧。他解释说："其实，我不是那个意思，我希望能重新回到朋友身边。我的自满和狂妄一定会改正的。"

朋友冷笑道："你现在明白，你根本不听别人的意见是愚蠢的，可是事实上，你又能知道多少呢？你可能比很多人懂得的还要少，但你还是那样的不虚心。"

富兰克林再次受到了刺激，他对朋友说："对不起，我错了，我一定改正。"

富兰克林回到家，把自己关在屋里，进行自我反省，与自己进行了一次心灵的对话。他布置了一个新的课题，研究的项目就是他自己。他把自己过去的生活做了详细的总结，决心分步骤把自己纠正过来。他不断回想著名的哲学大师柏拉图说的一段话：把我们所学的知识当作圆圈内的内容，那么圈外的广袤空间就是未知的世界。你所懂得的越少，圆的周长也就越短，那么你就感觉你不懂的越少。于是，自负便接踵而来，对，这就是看不清自己的一个误区。

富兰克林通过这件事情，改变了自己，赢得了别人的尊重。他的这个改变为他后来成长为一位杰出人物打下了基础。尽管富兰克林的事业越做越大，接触的事物也越来越广泛，但是他却一直保持着谦虚和低调。正是因为富兰克林及时改正了骄傲的缺点，才使他成为18世纪最伟大的人物之一。

骄傲是成功最大的敌人。因为当一个人骄傲时，他的眼里只有自己，只会一味对镜自赏，自吹自擂，妄自尊大；遇事时，又喜欢浮夸失实，到头来只能两手空空，一事无成。只有谦虚时，才能看到自己的不足、别人的优点，才能虚心请教别人，并接受别人的意见。只有这样，才能一步步走向成功。

一般说来，骄傲的人或多或少都拥有某方面的特长，总觉得自己有值得骄傲的"资本"。然而，一个人的能力再大，终究还是有限的，缺乏众人的支持与协助，任何英雄人物都将一事无成。

骄傲的危害是显而易见的。君不见魏武一矜，天下三分。苏轼说："一生喙硬眼无人，坐此困穷今白首。"陈毅诗云："历览古今多少事，成由谦逊败由奢。"这些都道出了骄傲必败的不争事实。因此，无论你的实力有多强，无论你多么优秀，都千万不能骄傲。

抑制贪欲，你将更幸福

人的欲望是无穷无尽的，尤其在一个物欲横流的社会中，对于外部物质世界的占有欲，更是一个无底洞。现实生活中，到处都充满着诱惑，人的占有欲就这样被激发起来。

哈佛大学经济学教授丹尼·罗德克说："世界上几乎所有大宗教都有着一条戒律，就是反对贪婪。现实生活中，我们常可听到人们用鄙夷不屑的口吻说出贪得无厌、贪心不足、贪婪成性等鞭笞贪婪的词汇来。"

可见，贪婪是人性的恶习，是人性中无法隐藏的缺陷。

哈佛大学的心理学教授尼克·安塞奇经常向他的学生谈起这样两则富有哲理的故事，并以此来告诫学生要拒绝贪婪。

尼克·安塞奇教授说："人的一生短暂得如同瞬间即逝的烟花，生命总是在拥有和失去的过程中不知不觉地流失，有许多人在这匆匆的岁月里盲目追求，他们手中已经拥有了温暖而灿烂的红日，心里却还希望得到璀璨美丽的星空。但是偏偏欲望越多，失去的也越多。"

在郊外的村落中，村民都以种植庄稼为生，但是让当地人气愤的是，山林中有一只猴子总是跑到庄稼地里偷吃村民的庄稼。猴子是一种极为聪明的动物，村民想出了各种办法都没能捕捉到这个猖狂的家伙。最后，无奈的村民只好求助于生物学家。生物学家在听完村民的描述后，便根据猴子的特点和习性想出了一种捕捉猴子的方法。

他们将一只瓶口很窄的透明玻璃瓶固定在猴子经常出没的大树上，然后在瓶中倒进一些核桃。夜晚猴子又出来偷食，当它的爪子伸进玻璃瓶中抓核桃时，便再也抽不出来了。这个玻璃瓶最大的特点就是：瓶口的大小刚刚适合猴子的爪子伸进去，当它抓了一大把核桃之后，因为是握着拳头，所以它的爪子很难再从瓶中拔出来。并且生物学家事先已经将玻璃瓶固定在了大树上，因此猴子没有办法将瓶子一起拖走。而这只贪婪的猴子并没有想过放下手中的核桃溜走。第二天早上，当生物学家将猴子从树上抓下来的时候，它依然死死地握着手中的核桃，直到村民将核桃放进猴子的嘴中，它才松开了手。

实际上，在生活中，有很多人会跟猴子犯相同的错误。因为人们总是太重视眼前的蝇头小利，无法适时地舍弃，结果造成更大的损失。人类是世界上最聪明的动物，但在面对利益的诱惑时却是不理性的。有时候人们之所以会失败并不是因为自己不够聪明，而是由于无法控制心中的贪欲。

所以，一个人仅仅依靠聪明是无法成功的，还应该学会控制自己的贪欲，在面临危机时要果断地松开抓着"核桃"的手。在生活中，如果我们能够在危机来临的时候适当地放弃一些利益，那么将避免遭受更多的损失。

在广阔而浩瀚的大海深处，有一只小鲨鱼快乐地成长着，它常常希望自己能像其他兄弟姐妹一样自由自在地遨游在大海里。终于有一天，妈妈开始教它如何觅食，通过一段时间的学习之后，小鲨鱼已经逐渐掌握了觅食的本领。妈妈告诉它："我的好孩子，你已经真正长大了，从现在开始你可以离开我，自己生活了。"鲨鱼一直以来都是大海的统治者，几乎所有的生物都无法伤害它，因此尽管妈妈没有陪在小鲨鱼的身边，但是它对此却一点也不担心。鲨鱼妈妈相信，它的孩子凭借着天生敏捷的身手，一定可以独自生活得很快乐。

几个月过后，鲨鱼妈妈在一个小海沟里看见了小鲨鱼，它却被自己所见到的情况吓住了。小鲨鱼所在的海沟拥有十分充足的食物，海沟里集聚着大量的鱼，照理说小鲨鱼应该变得非常强壮，但是实际上它看上去不但营养不良，而且还显得十分疲惫。

为什么儿子会变这样呢？鲨鱼妈妈心里十分担心。它正打算过去问小鲨鱼，但却发现对面游过来一群大马哈鱼。这时候，刚刚还萎靡不振的小鲨鱼也打起了精神，等待着捕食的最佳时机。

鲨鱼妈妈悄悄地躲在一旁，它看见小鲨鱼正将自己的身体隐蔽在石缝后面，然后耐心地等待马哈鱼游到自己可以攻击到的范围。不久，一条马哈鱼便来到了小鲨鱼的身边，并且一直徘徊在小鲨鱼的嘴巴附近，但是马哈鱼却根本没有察觉到危险。鲨鱼妈妈看到这一幕，高兴地想，这下儿子可以饱餐一顿了。但是让它感到诧异的是儿子竟然没有采取任何行动。

无数条马哈鱼游到了小鲨鱼的嘴边，小鲨鱼却纹丝不动。这时，当它发现远处的马哈鱼已经所剩无几，才开始焦急起来，迅速而凶猛地扑了过去，不过却因为相隔的距离太远，马哈鱼非常容易地逃过了小鲨鱼的攻击。鲨鱼妈妈拦住小鲨鱼，非常担心地问道："孩子，刚才马哈鱼已经游到了你的嘴边，你明明可以轻而易举地将它们捉住，为什么你却一直不行动呢？"小鲨鱼回答："妈妈，如果我等到它们都游过来再行动，也许我可以捕获到更多的食物。"

鲨鱼妈妈听了小鲨鱼的回答后，摇了摇头，然后说："不！孩子，心中的欲望总是难以满足的，捕食的机会却不是天天都有。贪婪不但不会让你获得更多的食物，反而会使你失去原本唾手可得的食物。"其实，小鲨鱼所犯的错误并不是因为它不够努力，而是由于它的欲望太大。

看完这两个故事，你是否明白了贪婪的后果呢？

其实，人的一生，拥有的并不少，而仅仅因为欲望太多就使自己不满足，甚至憎恨别人所拥有的或期望比别人拥有更多，以致心里产生忧愁、愤怒和不平衡。欲望太多就会导致贫穷。

托尔斯泰说："欲望越少，人生就越幸福。"同理，我们也可以说欲望越多，就越容易导致祸害。的确，古往今来，多少人欲壑难填，多少人被贪婪打败，所以，生活中，我们一定要减轻欲望，懂得舍弃，只有这样才能从贪婪中解脱，从而获得幸福。

远离虚荣，收获成功与幸福

虚荣是人类一种普遍的心理状态，穷者有之，富贵者亦有之。它是一种扭曲的自尊心，是自尊心的过分表现，是一种追求虚荣的性格缺陷，是人们为了取得荣誉和引起普遍的注意而表现出来的一种不正常的社会情感。

虚荣心重的人，所欲求的东西，莫过于名不副实的荣誉，而所畏惧的东西，莫过于突如其来的羞辱。虚荣心最大的后遗症之一是促使一个人失去免于恐惧、免于匮乏的自由；因为害怕羞辱，所以不定时地活在恐惧中，时常没有安全感，不满足；而虚荣心强的人，与其说是为了脱颖而出，鹤立鸡群，不如说是自以为出类拔萃，所以不惜玩弄欺骗、诡诈的手段，使虚荣心得到最大的满足。问题是虚荣心是一股强烈的欲望，欲望是不会满足的。

关于虚荣，英国哲学家培根曾说："虚荣的人被智者所轻视，愚者所倾服，阿谀者所崇拜，而为自己的虚荣所奴役。"德国哲学家叔本华也曾说："虚荣心使人多嘴多舌；自尊心使人沉默。"可以这么说，虚荣心是20世纪到21世纪最顽强也最类似艾滋病的痼疾。要迈向成功，必须远离虚荣；不想成功，就会爱慕虚荣；只要事事踏实，便会远离虚荣；想获得不实在的荣誉，就会满足虚荣。唐代诗人柳宗元有诗云："为农信可乐，居宠真虚荣。"这便是绝好的描述。

罗伯特·莫顿教授在哈佛无人不知，他的课堂堂爆满，在传授专业知识之外，他一直很关心学生们的身心健康，常常用妙趣横生的故事讲述人生的哲理。一天，罗伯特·莫顿教授在课堂上讲了这样一个有意思的尴尬事。

赛西莉上大学一年级时，每月有5镑钱做生活费，这本该够用了，可是她却时常感到拮据。有时同学聚会，她只好说"行"，即使那意味着第二天她的午饭没有着落，也很难说"不"。

这天上午，她的姨妈邀请她去"某处吃午饭"。实际上，此时的赛西莉只有20先令了，还得维持到月底呢，可是她觉得自己"无法拒绝"！

赛西莉知道一家很实惠的小咖啡馆，在那儿可以一人花3先令吃顿午饭。

那样的话，她就可以剩下14先令，用到月底了。

"哎，"姨妈说，"我们上哪儿去呢？午饭我从不吃得太多，一份就够了。咱们去好一点儿的地方吧。"

赛西莉领着她朝那家小咖啡馆的方向走去，突然她的姨妈指着街对面的那家"典雅咖啡厅"说："那儿不是挺好吗？那家咖啡厅看上去不错。"

"嗯，好吧，如果比起我们要去的地方您更喜欢那儿的话。"

赛西莉这样说了，她可不能说："亲爱的姨妈，我的钱不够，不能带您去那样豪华的地方，那儿太贵了，花钱很多的。"因为她在想："或许买一份菜的钱还是够的。"

侍者拿来了菜单，她姨妈看了一遍说："吃这份好吗？"

那是一道法式烹饪的鸡肉，是菜单上最贵的：7先令。赛西莉为自己点了最便宜的菜，只需3先令。这样，她用到月底的钱就还剩下10先令。不，9先令，因为她还得给侍者1先令小费呢。

"这位女士，您还想要什么吗？"侍者说，"我们有俄式鱼子酱"。

"鱼子酱！"她姨妈叫道："啊！对——那种俄国进口的鱼子酱，棒极了！我可以要一些吗？"

赛西莉不好说："哦，您不能，那样我用到月底的钱就只有5先令了。"

于是，姨妈要了一大份鱼子酱，还有一杯酒以及一份鸡肉。她只剩下4先令了，4先令够买一周的奶酪面包。可是，她刚吃完鸡肉，又看见一个侍者端着奶油蛋糕走过。"嘿！"她姨妈说，"那些蛋糕看上去非常好吃，我不能不吃！就吃一个小的。"

只剩3先令了。

这时侍者有端来一些水果，她肯定该吃一些。当然，还得喝些咖啡，尤其是她们在吃了这么好的午饭之后。没有啦！甚至准备给侍者的1先令小费也没有了。

账单拿来了：20先令。赛西莉在盘里放了20先令，没有侍者的小费。她姨妈看了看钱，又看了看赛西莉。

"那是你全部的钱？"姨妈问。

"是的，姨妈。"

"你全用来招待我吃一顿美味的午饭，真是太好了，可是太傻了。"

"啊，不，姨妈。"

"你在大学是学语言的吗？"

"对。"

"在所有的语言当中，哪个字最难念？"

"我不知道。"

"就是'不'这个字。随着你长大成人，你得学会说'不'——即使是对非常亲近的人。我早就知道你没有足够的钱上这家餐馆，可是我想让你得个教训，所以我不停地点最贵的东西，并且注意你的表情——可怜的孩子！"姨妈付了账，并给了赛西莉5英镑做礼物。

"天哪！"姨妈说，"这顿午餐差点撑死你可怜的姨妈了，我通常的午饭只是一杯牛奶。"

虚荣可以说是一种伪善的工具。一般来说，虚荣、爱面子、讲面子都是人的一种本能，属于正常的心理需求，也是合情合理，天经地义的事情。然而，凡事有度，如果过分地虚荣、爱面子，甚至达到了活受罪的程度，它就会走向生活与人性的负面。而那些欲望很强的人，就会使出十八般武艺将面子硬撑到底，结果得不偿失。所以，不要让虚荣心过了头，否则自己的生活永远不会快乐。

知足常乐
不攀比

爱默生，这位毕业于哈佛大学的伟大作家，告诉人们"生活不是攀比，幸福源自珍惜"这一朴素而深刻的道理。

生活中，总有很多人在哀叹自己的不幸，却对他人的成绩羡慕不已。其实，事情完全不像他想的那样。

如果你能体会到每个人的生命都有欠缺，你就不会再与人做无谓的比较了，反而会更加珍惜自己所拥有的一切。

一天，上帝突发奇想："假如让现在世界上的每一位生存者再活一次，他们会怎样选择呢？"于是，上帝授意给世界众生发一答卷，让大家填写。答卷收回后，令上帝大吃一惊，请看他们各自的回答：

猫："假如让我再活一次，我要做一只鼠。我偷吃主人一条鱼，会被主人打个半死。而老鼠呢，可以在厨房翻箱倒柜，大吃大喝，人们对它也无可奈何。"

鼠："假如让我再活一次，我要做一只猫。吃皇粮，拿官饷，从生到死由主人供养，时不时还有我们的同类给它送鱼送虾，很自在。"

猪："假如让我再活一次，我要当一头牛。生活虽然苦点，但名声好。我们似乎是傻瓜笨蛋的象征，连骂人也都要说蠢猪。"

牛："假如让我再活一次，我愿做一头猪。我吃的是草，挤的是奶，干的是力气活，有谁给我评过功，发过奖？做猪多快活，吃罢睡，睡罢吃，肥头大耳，生活赛过神仙。"

鹰："假如让我再活一次，我愿做一只鸡，渴有水，饿有米，住有房，还受主人保护。我们呢，一年四季漂泊在外，风吹雨淋，还要时刻提防冷枪暗箭，活得多累啊！"

鸡："假如让我再活一次，我愿做一只鹰，可以翱翔天空，任意捕兔捉鸡。而我们除了生蛋、报晓外，每天还胆战心惊，怕被捉被宰，惶惶不可终日。"

最有意思的是人的答卷。

不少男人一律填写为：假如让我再活一次，我要做一个女人，可以撒娇、可以邀宠、可以当妃子、可以当公主、可以当太太、可以当妻妾……最重要的是可以支配男人，让男人拜倒在石榴裙下。"

不少女人的答案一律填写："假如让我再活一次，一定要做个男人，可以蛮横、可以冒险、可以当皇帝、可以当老爷、可以当父亲……最重要是可以驱使女人。"

上帝看完，气不打一处来："这些家伙只知道盲目攀比，太不知足了。"他把所有答卷全都撕碎，喝道："一切照旧！"

现实生活中，每个人都习惯于把自己和别人相比：与邻居比，与朋友比，与亲戚比，甚至于兄弟姐妹爱人比。越比越不平衡，越不平衡越生气，"人比人会气死人"就是这种攀比心理的真实写照。

当今世界色彩斑斓、五花八门，实在有太多太多的诱惑。像上面故事中的慨叹和抱怨，相信很多人也都曾有过。看着别人晋升，委屈；看着别人的工资比自己拿得高，羡慕……其实，人生失意无南北，每个人都有自己的烦恼。是种种扭曲的心理，直接催生了盲目攀比的心理。他们永远看不到，他比别人有一份相对稳定而轻松的工作，有知心的朋友……就像朱德庸所说的那样："我相信，人和动物是一样的，每个人都有自己的天赋，比如老虎有锋利的牙齿，兔子有高超的奔跑、弹跳力，所以他们能在大自然中生存下来。人也是一样，不过是很多人在成长过程中把自己的天赋忘了，就像有的人被迫当了医生，而他可能是怕血的，那他不会快乐。人们都希望成为老虎，而这其中有很多只能是兔子，久而久之，就成了四不像。我们为什么放着很优秀的兔子不当，而一定要当很烂的老虎呢？"

当然，世界上少不了攀比，但如果只是一味盲目攀比，只能会给自己带来不必要的烦恼。俗话说"人比人，气死人"。无论在什么场合有的人总喜欢攀比，这样的人无论怎么富有，生活似乎总是痛苦的，这样的人痛苦的本身在于自己太爱攀比。

所以，人必须正确认识自己，给自己一个恰如其分的定位。如果不能正确认识自己，而只是一味地盲目与别人攀比，就会对自己产生错觉，从而做出傻事，搬起石头砸自己的脚，最终受伤害的还是你自己。

做事要有耐心，不要朝三暮四

巴尔扎克说："人的全部本领无非是耐心和时间的混合物。"耐心是一切聪明才智的基础，是事业能够取得成功的重要基石，是考验人的毅力与意志的试金石，是检验人生成功与失败的分水岭，是衡量人的心胸与气量的度量衡。大凡事业有成者，都具有很好的耐心。

一个人如果拥有了耐心，他也就有了定力。有了定力，人就会稳如泰山。在待人和处世上，就能不以物喜、不以己悲。拉·封丹说："耐心和持久胜过激烈和狂热"，只有有耐心的人，才有定力，才会不为虚幻而狂热，泰山崩于前而色不变。这样的人，做事踏实、勤恳、忠于事业，做人老实、和气、诚信。这样的人，当其人生处于多变之时，就会有任凭风浪急、稳坐钓鱼船的定力，就能够坚定信念，随机应变，在多变中寻找机遇，在机遇中寻求发展，耐心决定了他的成功。相反，缺少耐心，的人往往会以失败告终。因为，耐心是成功得以实现的灵魂，缺少了耐心成功就变成了梦幻的空壳。一个人一旦缺少了耐心，就会沉不住气、心浮气躁，自然也就不能静心做事，容易眼高手低，事事难成，从而阻碍了自身的发展与进步。

有一个关于耐心的故事在哈佛心理学系几乎人所共知。

在好多年前，当时有人正要将一块木板钉在树上当搁板，贾金斯便走过去管闲事，说要帮他一把。

他说："你应该先把木板头子锯掉再钉上去。"于是，他找来锯子之后，还没有锯到两三下又撒手了，说要把锯子磨快些。

于是他又去找锉刀。接着又发现必须先在锉刀上安一个顺手的手柄。于是，他又去灌木丛中寻找小树，可砍树又得先磨快斧头。

磨快斧头需将磨石固定好，这又免不了要制作支撑磨石的木条。制作木条少不了木匠用的长凳，可这没有一套齐全的工具是不行的。于是，贾金斯到村里去找他所需的工具，然而这一走，就再也不见回来了。

贾金斯无论学什么都是半途而废。他曾经废寝忘食地攻读法语，但要真正掌握法语，必须首先对古法语有透彻的了解，而没有对拉丁语的全面掌握和理解，要想学好古法语是绝不可能的。

社会上想改变自己处境的人很多，但是很少有人将这种改变处境的欲望具体化为一个个清晰明确的目标，并为之奋斗。结果，这些人的欲望也仅仅是欲望而已。贾金斯进而发现，掌握拉丁语的唯一途径是学习梵文，因此便一头扑进梵文的学习之中，可这就更加旷日持久了。

贾金斯从未获得过什么学位，他所受过的教育也始终没有用武之地。但他的先辈为他留下了一些本钱。他拿出十万美元投资办一家煤气厂，可是煤气厂所需的煤炭价钱昂贵，这使他大大亏本。于是，他以九万美元的售价把煤气厂转让出去，开办起煤矿来。可他又不走运，因为采矿机械的耗资大得吓人。因此，贾金斯把在矿里拥有的股份变卖成八万美元，转入了煤矿机器制造业。从那以后，他便像一个内行的滑冰者，在有关的各种工业部门中滑进滑出，没完没了。

他恋爱过好几次，虽然每一次都毫无结果。他对一位姑娘一见钟情，十分坦率地向她表露了心迹。为使自己匹配得上她，他开始在精神品德方面陶冶自己。他去一所星期日学校上了一个半月的课，但不久便自动逃掉了。两年后，当他认为问心无愧、无妨启齿求婚之日，那位姑娘早已嫁给了一个愚蠢的家伙。

不久他又如痴如醉地爱上了一位迷人的、有五个妹妹的姑娘。可是，当他上姑娘家时，却喜欢上了二妹。不久又迷上了更小的妹妹。到最后一个也没谈成功。

贾金斯一直在困惑着，他之所以困惑，是因为他不知道自己的失败是朝三暮四所导致的。

我们首先要认识自己，包括优点和缺点，才能知道自己该怎样掌握人生。

每一天，我们都可能遇到对自己的人生和周围世界不满意的人，在这些人当中，有95%的人没有朝着一个方向努力。也就是说，这些人之所以整天抱怨，是因为他们每天都是漫无目的地生活着，丝毫不清楚自己最合适什么，该去做什么。

如果你想成功，那么你就必须克服朝三暮四的毛病，培养自己的耐心和做事专一的品质。

这是哈佛心理学教授对学生们的告诫，他们认为意志力薄弱是导致人生悲剧的主要原因。我们在阅读之余，能否也问下自己：我也是贾金斯这样的人吗？

耐心是成功的磨刀石。只要你学会了等待时机，那么你离成功也就不远了。即使是等待，在生活中也很有意义，一方面你可以积蓄力量；另一方面，只有经过努力和历尽艰辛实现的愿望，才更令人有成就感和自豪感。

所以，凡事不能急于求成，急于求成往往会事与愿违，最终只能喝下自己酿的苦酒。只要有足够的耐心去等待，胜利就一定会属于你。

猜疑是我们身上
最可耻的叛徒

在这个世界上，如果说还有比痛苦更可怕的事情，那么就是猜疑。心中的猜疑就如同鸟中的蝙蝠，生活在阴暗的洞穴里，它可能会摧毁光明的信仰，毒害美好的感情。

哈佛总是教导学生，信任才能把你的心放稳。如果总是怀疑别人，那么还不如从一开始就不要相信。否则，只会给自己带来麻烦。

小镇上有一对孪生兄弟，从小感情就特别好。这对孪生兄弟长大后，就留在爸爸经营的店里做事，直到爸爸去世，他们兄弟两个就共同接手并经营这家店。

生活一直都很平静，直到有一天一元美金丢失后，他们的关系开始发生变化：哥哥将一元美金放进收银机之后，就与顾客外出去办事，当他办完事回到店里时，发现收银机里的钱不见了。

他便问弟弟："你是否看到收银机里面的钱了？"

弟弟回答："我没看到。"

但是哥哥却有些耿耿于怀，依然咄咄逼人地盘问弟弟，不肯罢休。

他对弟弟说："钱不可能自己长了腿跑掉，我想你一定看见了。"语气中带有浓烈的质疑气味，怨恨也伴随着产生，由此，手足之情出现了隔阂。

开始两个人都不交谈，痛苦和敌意与日俱增，这样的气氛也渲染了他们的家庭和他们居住的小区。

后来的一天，一个男子开着外地车牌的汽车，停在了哥哥的门外。

他走进店里问道："请问，您在这个店里多久了？"哥哥告诉他一直都在这个店里工作。

这位男子说："我有必要告诉你一件事情：20年前我还是一个无所事事的流浪汉，一天来到你们这个镇上，肚子已经饿了好几天了，我从后门偷偷溜进你们的店里，并且拿走了收银机里面的一美元。虽然已经过去很久，但是心里一直无法忘怀。一元钱尽管是个小数目，但是我的良心却一直深受谴责，我有必要回到这家店里来请求您的原谅。"

说完这一切后，这位客人十分惊讶地发现店主眼里满是泪水，他用哽咽的音调恳求他："您是否也能去隔壁店里将故事再说一遍呢？"当这位男子到隔壁把故事又说了一遍之后，他惊讶地发现两位相貌相似的中年男子，在商店的门口相拥而泣、失声痛哭。

20年的时间，怨恨终于得到化解，两兄弟之间的对立也因此而消失。然而谁又晓得，20年的痛苦，竟缘于对区区一元美金的猜疑。就是这一元美金的猜疑使亲兄弟反目成仇，手足之情竟抵不过猜疑造成的隔阂。

猜疑是人性的弱点之一，历来是害人害己的祸根，是卑鄙灵魂的伙伴。一个人一旦掉进猜疑的陷阱，必定处处神经过敏，事事捕风捉影，对他人失去信任，对自己也同样心生疑窦，损害正常的人际关系，影响个人的身心健康。

在猜疑心态的驱使下，人们会处处小心别人，提防别人，戒备心很强，有时还会口是心非。有猜疑心理的人很敏感，他会因别人的扬眉而说是看不起他，会把别人的撇嘴说成是讨厌他，别人一句不经意的话，经他一说就会矛盾重重，别人在说自己的悄悄话，他非认为是在说他的坏话。总之，认为别人的一举一动都是对自己的侵犯，对别人的一言一行都耿耿于怀。

有很强猜疑心理的人，精神经常处于一种高度紧张的状态，因为他总是凭自己的好恶和想象来理解周围的一切人和事，于是，无中生有、捕风捉影、吹毛求疵，扭曲了人际交往的正常状况。

猜疑心理最终伤害的还是自己，那些人活得很累。他既要对付被自己夸大的"敌意"，又要安抚自己内心由此而导致的痛苦，身心上受到很大的消耗与折磨。而且，由于经常疑神疑鬼，对朋友，会破坏纯真的友谊；对家人，会妨碍感情的发展；对夫妻，会促使矛盾的积累；对同事，会降低工作效率。总之，一旦你有了猜疑心理，你就会为自己的生活设下一个又一个的陷阱，使自己深陷其中而不能自拔。

可见，猜疑是一种有害心理，那么我们怎样克服它呢？首先，你要坚持待人以宽。这是彼此之间建立、发展友情的重要基础。而要做到这一点，就必须首先学会从自己身上找问题，不要认为自己什么都是好的，别人什么都是差的，对别人要做到缺点多宽容、长处多吸取。然后，再试着与别人建立信任关系，并渐渐把自己融入集体中去。其次，不要妄加猜疑。猜疑心过重的人，总觉得时时处处都有人在注意他，认为别人都在与自己作对，并把小事看得过大。事实上，这如同"疑人偷斧"一样，完全是一种没有事实根据的错觉。因此，当这种心理产生时，一定要明确自己的感觉是不真实的，是自己幻想出来的，千万不要妄加推测，增加自己的心理压力。再次，努力突破封闭性思维的循环圈。现实生活中，许多猜疑要是揭穿了就会觉得很可笑，但在揭穿之前，由于猜疑者的头脑被封闭思维所主宰，便会觉得自己的判断是对的。因而，一旦有了猜疑，既要冷静，也不要把疑窦长期闷在心里。这时候特别需要的就是冷静克制，要多想几个方案或可能性，只要有一个方案或可能性突破了封闭思维的循环圈，你的理智就能得到恢复。"疑人偷斧"中那个农夫，如果丢斧后能冷静想一想：斧头会不会砍柴后忘了带回家，或挑柴时掉在了路上，而从沿途去找一找，那个险些搞僵邻里关系的猜疑或许根本就不会产生了。

最后，要学会转移注意力。好猜疑的人往往是心理压力过大，而又长期得不到宣泄和转移的结果。你可以通过与朋友交谈等方式把苦恼发泄出来，通过读书及参加一些积极向上的户外活动等将猜疑的注意力转移出去，这样，你就会发现心里轻松许多。

勿以事小
而不为

人们的思想中似乎都存在着这样一个误区：成大事者不必拘小节，自己将来是做"大事"的人，所以不拘小节。其实，如果"大"字当头，那多是眼高手低，纸上谈兵；这种人或许可以风光一时，但肯定不会风光一辈子。一步切实的行动远胜过一打华丽空虚的口号。只有脚踏实地，从小事做起，才有可能铸就人生的辉煌。

哈佛告诉学生：不要不屑去做一件小事，要养成习惯，从小事上练习"现在就去做"，因为机缘一错过，就不得不付出百倍的努力。

张帆是一位刚毕业的本科生，通过激烈的竞争，终于如愿进入了一家德国企业。在报到的第一天，偶然碰到了自己的老乡李珊。

中午吃过饭，张帆闲来无事，就想找自己的老乡李珊了解一些有关公司的一些事情。

张帆来到李珊的办公室后，发现她的桌子上有许多办公用品，如曲别针、红蓝铅笔、胶水等都摆有两套。张帆不禁好奇地问道："你的办公桌本来就不大，为什么要摆两套办公用品呢？"

听张帆这么一问，李珊有些不好意思地说："快别问了，为了这事，我都差点被老板炒了鱿鱼。"

"为什么？"凭直觉，张帆肯定这里面一定有个好听的故事。

李珊知道自己的老乡得不到答案是不肯罢休的。于是，她无奈地说道：

"当初为了能进这家德国公司，我不知做了多少准备，耗费了多少心血，也寄托了许多梦想。可上班后才发现，每日无非是做些琐碎的工作，既不需要多少专业知识，也看不出他们有多大意义；没有几天，我当初的满腔热情，在不知不觉之中便冷却了下来。

"一次，公司要开新产品推广会，我们部门所有的人都连夜准备文件。部门经理分配给我的工作是装订和封套。我们的经理，是一个快60岁的德国老头。他一再叮嘱：'一定要做好准备，千万别到时措手不及。'我当时听了心里很不高兴，心想：这种高中生也会做的事，难道还能难得倒我？你也太小瞧我了！于是我也没加理会。等到同事把文件终于交到我手里。我就开始一件件装订，没想到只钉了十几份，钉书机'咔嚓'地一响，钉书针用完了。我漫不经心地抽开钉书针盒，脑子里轰地一响——里面没有钉书针了！我马上到处找，找来找去就是找不到。经理发现后，也立刻让所有人翻箱倒柜。不知怎的，平时随处可见的小东西，现在竟连一排也找不到。

"这时已是深夜，而文件必须要在明早8：30大会召开前发到各个代表手中，经理像个恶魔似的对我大喊：'不是叫你做好准备吗？怎么连这点小事也做不好？'我低头无言以对，脸上像挨了一巴掌似地滚烫刺痛。

"办公室的同事几经周折，终于在凌晨4点钟在旁边一家五星级酒店的商务中心，找到了钉书针，并赶在开会之前，将装订得整齐漂亮的文件发到代表手中。

"没人知道，那一夜我是怎么熬过去的，也不知道自己在装订完之后做了些什么。开完会后，我等着经理的训斥，并做好了被炒鱿鱼的准备；但没想到平时严厉得不近人情的经理，却只对我说了一句：'记住，办公室里无小事。'这是我一生都不敢忘记的一句话，它让我深刻地领悟到，'不打无准备之仗'这句古话的真正含义：以防万一，做万分之一的准备工作并不是浪费；

而如果以三分的精力和态度面对十分的工作，将带来不可预料的恶果。在职场上要想取得成功，真正的障碍，有时可能只是一点点疏忽与大意，比如，那一盒小小的钉书针……所以，我从此养成了一个习惯，桌上永远放两套办公用品，它们相当于一个警示牌，随时告诫自己，不要忽视一切小问题。"

的确，有许多成功人士，正是因为脚踏实地，才一步一步成就了自己的事业。但是，我们不得不承认的是，更多时候一些小事更具有决定性的力量。电梯里和上司简短随便的几句聊天，可能会给你带来更多的机会；在谈判中说错一句话，可能会让你最后痛失快要到手的合同。如果你在日常工作中就很注意那些细微的问题，那么你就能从容应对任何困难。

生活中，什么事情都有一个从小到大的发展过程，要想在职场立住脚跟并有所作为就不要嫌弃从小事做起，也不要抱怨一时的不得意。是金子，无论放到哪里总会有发光的一天。

克制冲动，
遇事冷静1分钟

哈佛成功金言中有这样一句话：三思而后行的人，很少会做错事情。由此可见，冷静在人的一生中的重要性。

在现实生活中，冷静地面对社会百态，才能使我们的生活提纯至较高品位。冷静处事，是为人的素质体现，也是情感的睿智反映。生活里有太多的逆境，它是生活中的偶然。但在理智面前，偶然总会转化为令人快慰的必然。偶然与必然尽管有理论上的反差，但它决然可在冷静和智慧中达到完美的统一。所以古人说："静而后能安，安而后能虑，虑而后能得。"这个"得"字，才是高品位生活的甜甜享受。

我们要以冷静的态度去面对社会，这有利于顺境与逆境中的反思，可既利社会又利自己；以冷静面对生活，有利于苦乐中的磨练，可尽享人生中的惬意；以冷静面对他人，有利于善恶中的辨识，可亲君子而远小人；以冷静面对名利，有利于道德上的筛选，可提高人品和素质；以冷静面对坎坷，有利于安危中的权衡，可除恶果保康宁。冷静，使我们大度、理智、无私和聪颖。冷静，是知识、智慧的独到涵养，更是理性、大度的深刻感悟。我们面对着一个高速发展的物质世界，我们必须具有人性的成熟美。否则，就算是成功送到我们的面前，还是有可能在毛糙中失去。

任何一个在事业上成功的人，遇到事情都能沉着冷静，成功的人甚至在碰到逆境的时候，他的脑筋也会保持沉着、冷静的状态，从而随时准备好捕捉和发觉新的机会，了解和对付新的问题。

歌德曾说："决定一个人的一生，以及整个命运的，只是一瞬间。"是啊，往往我们一瞬间的冲动，就会毁了自己的一生，所以在我们遇事的时候，不妨多考虑一下，做到"三思而后行"，也许事情就会出现不一样的结果。

从前，有一对夫妻养了一条狗，他们非常喜欢它，就在日常散步时也常带着它。狗也很尽责，有生人来根本不让进门，直到夫妻俩劝住它。

后来，这对夫妻有了一个儿子，自然就疏远了狗，那条狗也经常用一种好像是嫉妒的眼神看着他们刚出世的儿子，开始他们怕狗会伤着儿子，想把狗送走。谁知过了一段时间，好像狗比他们还更喜欢他们的儿子，经常一动不动地在摇篮旁看着他们的儿子，有时还会学着他们的样子推着摇篮哄儿子睡觉，儿子似乎也熟悉了它，只要这条狗在旁边，他就不会哭，还很开心地和它玩！

看到这样，夫妻俩也就放心了，所以他们经常出去买菜或者办事，都让狗独自看着儿子。因为他们相信这条忠实的狗甚至超过其他一些人！

一次，他们要去临近的县城办事，几个小时后才能回来。走时，他们把儿子喂饱，然后拍拍狗，指指儿子，让它好好照顾儿子，狗就像平时一样向他们汪汪叫了两声，意思是让他们放心去。

夫妻俩办完事回家后，看到周围都是血迹，狗从屋里跑出来，舔着他们的手，只是它嘴和身上都是血迹。他们明白了：畜生毕竟是畜生，不管平时多么忠实，但有时也会爆发野性。他们呆呆地看着这一切，半天才回过神来。

突然，男主人冲进厨房，从厨房拿出一把菜刀抓住狗，毫不犹豫地将刀落下，狗一声不吭地倒下了。看着地下狗的尸体，他们仍呆呆地站着……

过了一会儿，屋里突然传来婴儿的哭声，他们赶紧跑进去一看，儿子正好好地躺在床上，顿时他们就后悔了，一定是冤枉了他们的狗，但那些血是怎么回事呢？他们在家里搜索了一会，终于在外面的大床下发现一条蛇，被咬得七零八落，到处都是血，他们明白了：当狗发现这条蛇对儿子有威胁时，先把儿子叼到里屋，然后独自在外面和蛇展开搏斗，把蛇咬死，保护了儿子。他们这才想起为什么狗的嘴上和身上都是血，再想到自己的残忍，不禁抱着儿子跑到狗的尸体旁痛哭失声，痛恨自己为什么不把事情搞清楚，可是大错已铸成，他们只好把狗拿到郊外埋了，并为它立了块碑，上面写着"义犬之墓"。

许多人在遇到事情时，总是不懂得缓一缓，结果在冲动下做出让自己后悔的事。所以，我们要学会调节自己的情绪，多考虑一些，使自己波动的情绪有时间得到缓冲。当我们闹情绪时，耐心思考解决问题的方法远比找其他的人发泄来得高明。学会遇事时用思考代替动怒，我们就是人生的智者。

在人际交往中，当我们遇到鸡毛蒜皮的小事时，大发雷霆，斤斤计较，只会破坏人与人之间的和睦关系。聪明人的做法就是：视而不见，充耳不闻，永远保持头脑的清醒，遇事多问几个为什么，不轻易动怒。要做一个快乐而聪明的自己，就要学会享受快乐的人生，不为小事而烦恼或生气。

"三思而后行"是前人为后人留下的警世格言，也是追求成功的人生所必须遵循的法则。您要想人生有所作为，要想减少人生的失误，那么请您三思而后行！

祛除急躁，学会忍耐

哈佛告诉学生：无论是谁在社会上行走，"忍"字都很重要。一个人不可能在任何时间、任何场合下都事事如意，有些事情怎么也无法解决，有些事情可能没法很快解决，所以你只能忍耐！

柏拉图曾说，耐心是一切聪明才智的基础。忍耐，更是人生智慧的升华。在社会上打拼，勇者无所畏惧、弱者受人算计、忍者低调潜行。忍耐是审时度势的策略，更是一种明智选择。"忍耐之草是苦的，但最终会结出甘甜而柔软的果实。"辛姆洛克的这句话给现今的年轻人以深刻的启迪。以忍耐的状态看待自己，对待他人。积蓄力量，才可以蓄势待发，成就美好人生。

忍耐，是面对困难、逆境、挫折的承受，是一种高境界的悟性，是一种心甘情愿的让步，是一种化解复杂矛盾的妙方，是一种大智若愚的自律，是一种伺机而动的方式，是一种养精蓄锐的策略，更是立身行事，成就事业的必备素养。

在某山上有一座寺庙，寺庙中有尊铜铸的大佛和一口大钟。每天大钟都要承受几百次的撞击，发出哀鸣；而大佛每天坐在那里，接受千千万万人的顶礼膜拜。

有一天晚上，大钟不满地对大佛说："你我都是铜铸的，你却高高在上，每天都有人对你顶礼膜拜，烧香奉茶，献花供果。而我呢？每当有人拜你时，我都要被敲击，这对我真是太不公平了。"

大佛听后微微一笑, 安慰大钟说: "你也不必羡慕我, 你知道吗? 当初我被工匠打造成大佛时, 一棒一棒地捶打, 一刀一刀地雕琢, 历经刀山火海的痛楚, 日夜忍耐如雨点落下的刀锤……千锤百炼才铸成佛的眼耳鼻身。我的苦难, 你不曾忍受, 我经历过难忍的苦行, 才能在这里接受鲜花供养和人类的膜拜! 而你, 别人只在你身上轻轻敲打一下, 你就忍受不了了!" 大钟听后, 若有所思。

忍受艰苦的雕琢和捶打之后, 才成就了大佛, 钟的那点捶打之苦又有什么不堪忍受的呢?

唐代大诗人白居易说: "孔子之忍饥, 颜子之忍贫, 闵子之忍寒, 淮阴之忍辱, 张公之忍居, 娄公之忍侮; 古之为圣为贤, 建功树业, 立身处世, 未有不得力于忍也。" 从中可以看出诗人视忍为处理不顺之事, 甚至于万事万物的法宝, 但足见忍耐在诗人心目中的分量。

古人云: "忍人之所不能忍, 才能为人所不能为。" 忍耐是成熟老练的人做人的一种分寸, 是一种坚强意志品质的体现。凡是事业成功的人士, 都具有很强的忍劲, 都忍了许多许多。

现实生活中, 很多人也在忍, 但这并不是真正的忍耐, 其中掺杂了太多的阴柔, 使忍耐变成了一种相安无事, 与世无争。

富弼年少时, 有人骂他, 他就像没听见一样, 有人告诉他说: "他在骂你。" 富弼就说: "他恐怕在骂其他人吧。" 那人又告诉他: "他指名道姓骂的就是你。" 富弼说: "难道天下就没有同名同姓的人吗?"

其实, "忍" 并不是懦弱, 也不是毫无原则的退让, 而是对很多事情不计较, 这是一种对生命的领悟, 以及对人生的豁达。学会忍耐, 才能在事业上取得一次次成功。

人活于世, 做人做事若能 "率性而为", 那人生就没什么可遗憾的了。

但人的一生中，总会遇到许多的不如意，这些不如意需要你以智慧和耐心去解决。

坚忍的性格是人生路上必不可少的，因为人生路上肯定不会一帆风顺，在布满坎坷的一生中，拥有了坚忍的性格，你就能减轻伤害、渡过难关，就不会被困难轻易地击倒。